我是男孩，我爱冒险

[德] 菲利普·基弗 / 著
宋逸伦 / 译

浙江科学技术出版社

目录 Mulu

1 用梳子演奏音乐

梳子是常见的生活用品，它还可以是一件乐器，只要和一张薄薄的纸片一起用，你就可以演奏出很动听的音乐。

你只需要这么做：

1. 先把梳子倒过来，让梳齿朝上。

2. 拿一张纸片包在梳齿上面，可以用棉纸，也可以用包面包的油性纸，或者用在超市里买东西留下的收据来代替。

3. 把嘴唇靠近被纸片包裹住的梳齿，然后轻轻地吹气，你会发现发出的声音非常动听哦！

“音乐梳子”的奥秘就藏在那张纸片里。这张纸就像是一张薄膜，能将你吹出的气通过它的振动传出好听的声音。很多原始部落的乐器都是用类似的原理发声的。16世纪和17世纪流行的膜笛也是使用相同原理发出声音的。

2 自制番茄酱

吃薯条不蘸番茄酱的感觉，就像过暑假不晒太阳一样奇怪。要是碰巧家里的番茄酱用完了，那你可以试试自己来制作番茄酱。

配料如下：

- 200 克去皮的番茄
- 1 个洋葱
- 1 个苹果
- 1 茶匙盐
- 2 把咖喱粉
- 2 把肉桂粉

你知道吗？

- L 是升的英文缩写，mL 是毫升的英文缩写。
- g 是克的英文缩写。

首先剥掉洋葱的外皮，把洋葱尽可能地切碎。再将苹果也去皮、去核，切成小片。然后将洋葱和苹果倒在一起，加少量水后煮大约 10 分钟，再把煮过的苹果和洋葱的混合物搅拌成糊状，这个步骤你可以找一个成年人帮你完成。最后把番茄和各种调料都倒进搅拌机里一起搅拌就大功告成了。

尝尝做好的番茄酱的味道：

如果太酸，就加点糖。如果家里没有糖，那就多加点胡椒粉或者类似的其他调料。

你可以把自制的番茄酱放在洗净的玻璃瓶里保存，别忘了要盖上盖子。如果放在冰箱里，这种自制番茄酱可以保存一个月之久。

3 学会用手指“说”字母

你想和语言有障碍的人交流？又或者你想和你的朋友们在不能说话的情况下互相沟通？那你就该学学怎么用手指来表示字母和单词。

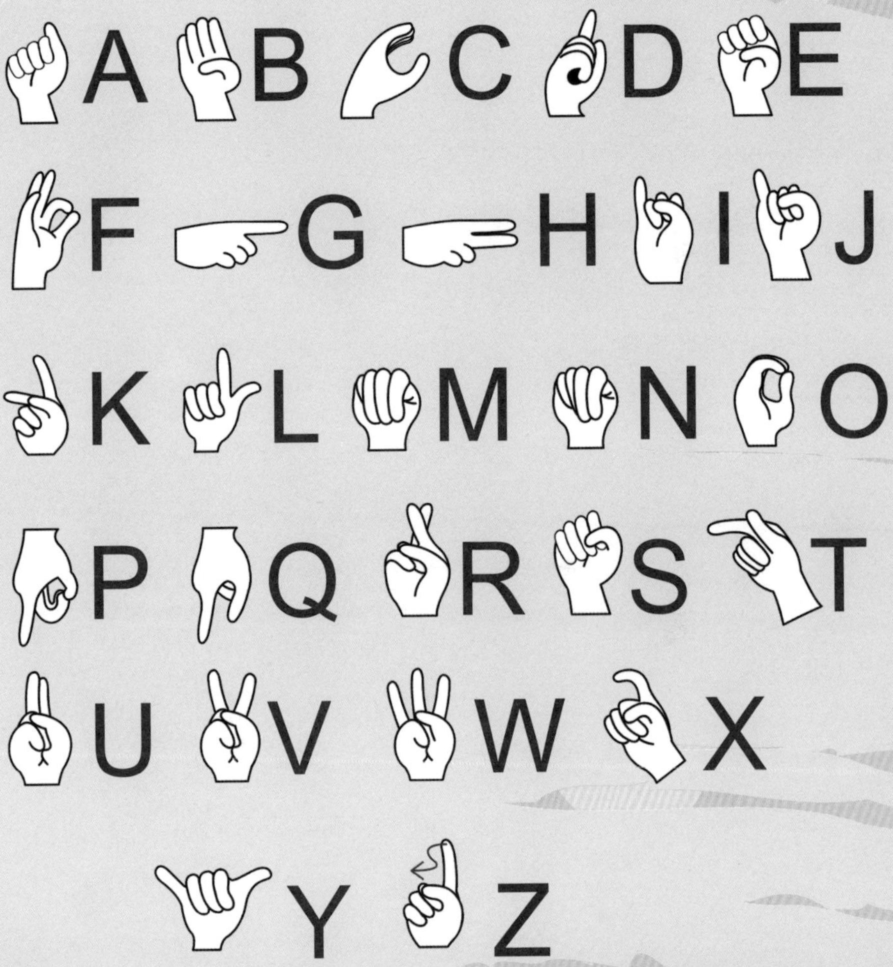
A B C D E
F G H I J
K L M N O
P Q R S T
U V W X
Y Z

4 学会打水手结

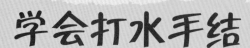

水手结是水手在海上航行时要学会的最重要的一种打结方法。探险者和消防员在日常活动中也经常使用这种打结方法。

水手结的特点：

这种结非常结实，但又很容易解开。

下图会告诉你怎么打一个水手结：

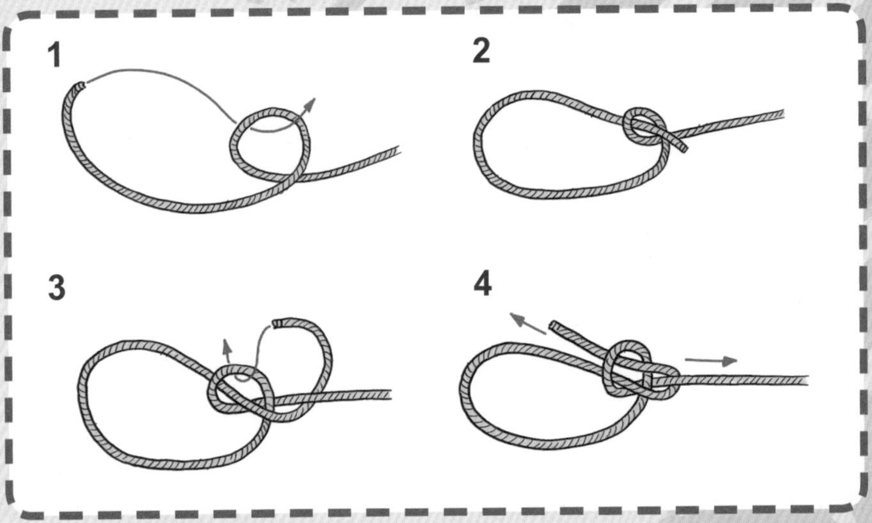

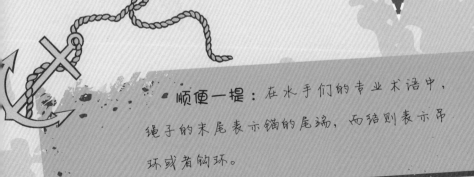

顺便一提：在水手们的专业术语中，绳子的末尾表示锚的尾端，而结则表示吊环或者钩环。

5

黄蜂或者蜜蜂的温柔一蜇

万一被黄蜂蜇了一下该怎么办？

如果你被黄蜂蜇了，下面这种自制药膏可以帮你缓解疼痛：把洋葱切成两半，然后把切开的部分敷在伤口上。洋葱可以缓解疼痛，防止伤口感染发炎。

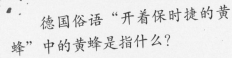

德国俗语“开着保时捷的黄蜂”中的黄蜂是指什么？

答案：性感的女孩子们。

万一被蜜蜂蜇了该怎么办？

蜜蜂会把带倒钩的刺留在你的伤口里，所以在处理伤口之前最好先用镊子把刺取出来。用镊子取刺的时候尽可能夹在刺的下半部分，以防止刺断在伤口里面。刺取出来之后，再按照黄蜂蜇伤的处理程序处理（用洋葱敷伤口）。

什么东西在空中飞过会发出“姆斯姆斯姆斯”的声音？

答案：正在飞的蜜蜂。

6 打破写短信的世界纪录

在 25.94 秒内打出 160 个字母的手机短信，这是 27 岁的英国姑娘梅丽莎 · 汤普森在 2010 年创造的世界纪录。在这之前的世界纪录是由一名 24 岁的美国青年保持的在 35.54 秒内输入相同数量的字母。

你有兴趣打破这个纪录吗？那你只需要准备一只手机和一只秒表，找一个朋友给你计时，然后就可以开始了！

你知道吗？ 在英国，人们称手机为“移动电话”。

下面这一段文字就是世界短信输入比赛的标准内容：

The razor-toothed piranhas of the genera Serrasalmus and Pygocentrus are the most ferocious freshwater fish in the world. In reality they seldom attack a human.

这段文字是用英语写的，主要内容是说虽然水虎鱼是世界上最凶猛的淡水鱼，但它们很少攻击人类。

如果你觉得在快速打字方面没什么天赋，那你可以选择参加另外一项比赛：2010 年开始定期举办的扔手机比赛。目前的扔手机世界纪录已经达到 80 米了！

7 学会用两根手指吹口哨

假如有一个人离你很远，而你又想引起他的注意，你该怎么做呢？又或者你想嘘和嘲笑某个人，你又该怎么做呢？很简单，用两根手指吹口哨就行了。

要学会这个本领，只需要花一点时间练习一下，然后你就可以享受周围朋友们佩服的眼神了。

谁吹口哨不用嘴？

答案：风。

一个食人族的人恳求坐在锅里的传教士：“要是水烧开了，你吹个口哨告诉我一下哈！”

你只需要这么做：

1. 用大拇指和中指搭出一个狗头模样的圆圈。

2. 张开嘴巴，把舌头向后翻。

3. 把手指头围成的圆圈放进嘴里，从下面顶住刚才翻起的舌尖，然后将手的位置向下倾斜。

4. 用舌尖压住手指，闭上嘴唇。

5. 现在用力吹气，口哨声就发出来了！

小提示：如果一下子吹不出声音，那就稍微改变一下手指的角度。不断地调整，最后你一定会发现一个最容易发出声音的位置。

8 遇到意外时拨打正确的求救电话

假如你遇到学校突然着火、有人严重受伤或者有强盗正在你家的楼梯上对你虎视眈眈，你该怎么做？当然是着火了打 119，有人需要急救时打 120，要找警察就打 110。打通后你要清楚完整地告诉电话那头的接线员：

1. 事情是在哪里发生的。
2. 发生了什么事情。
3. 有多少人被牵涉在内。
4. 你遇到的问题是什么。

最重要的是：要等到对方的答复，千万不要马上挂掉电话！

110这个号码是中国大陆的紧急求助热线，你可以在任何一台固定电话或者手机上拨打这个号码，不需要花费一分钱。

你有一些私人问题不知道能向谁倾诉？你可以拨打同样免费的心理咨询热线——

12355青少年服务台：12355。

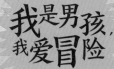

9 自己制作一台能发出声响的“加农炮”

用声音“吹”灭蜡烛——你认为这可能吗？当然可能！你可以试试自己来制作一门能发出声响的“大炮”。材料很简单，只需要一个两头通的卫生纸卷轴（厨房用的或者厕所用的都行），把两头用胶带纸封起来，并在其中一头的胶带纸上用尖的铅笔戳一个洞。然后你就可以拿一根正在燃烧的蜡烛过来进行试验了。在整个过程中，你要找一个大人在旁边监督，以防发生意外。

具体的操作步骤是：将贴着戳了洞的胶带纸的那一头朝着蜡烛，然后用手指弹卷轴另一头的胶带纸，你会发现蜡烛很快就被“吹”灭了。

为什么会这样呢？原理大致是这样的：手指弹击的动作产生了一股声波，这股声波把卷轴里的空气往另外一边挤了过去，因为另外一边胶带纸上的洞很小，所以这些空气就挤在一起从小孔里喷了出去，这股气流的冲击力很大，一下子就把蜡烛给“吹”灭了。

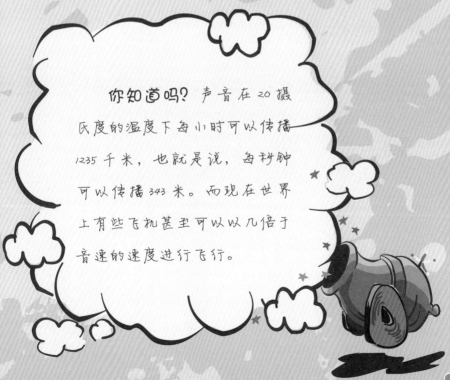

你知道吗？声音在20摄氏度的温度下每小时可以传播1235千米，也就是说，每秒钟可以传播343米。而现在世界上有些飞机甚至可以以几倍于音速的速度进行飞行。

10 告别噩梦

你是不是也经常做噩梦，而且很想摆脱它们？那你可以试试下面的办法！

噩梦捕捉器

在床的正上方挂一个噩梦捕捉器。说是捕捉器，其实就是一张用枯树叶和羽毛或者别的什么东西装饰的网兜。根据美洲印第安族的安尼西那伯人（居住在北美大湖地区的古老土著）的说法，这个捕捉器可以把人们做的那些噩梦都抓住。

不要过分激动

不要在睡前看一些有激烈打斗和惊险镜头的影视剧，因为当你睡着的时候，往往会在梦里继续做你醒着时没做完的事情。甚至是你睡着时隔壁播放的恐怖片也有可能影响到你的梦。

准备一根木棒以防万一

在你的噩梦里是不是整条马路上都是各种各样的怪物？那就在床边放一根木棒，万一你又做噩梦了，就可以抄起这根木棒和怪物们搏斗了。

解梦

每个梦都有它的含义。每天早上你可以把前一天晚上做的梦记下来，思考一下这些噩梦想告诉你什么。如果你愿意，也可以把这些梦告诉父母，请求他们的帮助。

11 观察星空

如果你在万里无云的晚上抬头仰望星空，你就会发现它比电视要好看多了！只要用一个望远镜，你就能充分体会到看星星的乐趣了。

但就算只是用肉眼看，你也能看到很多东西，比如：

• **月亮**：月亮是地球最稳定的伙伴，根据它在地球和太阳之间所处位置的不同，月亮有时候看起来是新月的样子，有时候又是满月的模样。

• **恒星**：依靠肉眼我们可以看到大约 6000 颗恒星。其中离我们最近的是太阳。而离我们第二近的比邻星距离我们就已经有 4 光年那么遥远了，这个数字的意思表示，这颗星星上发出的光，要经过 4 年多的时间才能被地球上的我们看到。

• **行星**：在太阳系中，除了地球之外，还有很多颗行星。这些行星围绕着太阳运转，其中有一些我们仅凭肉眼就可以看见，比如金星和火星。

• **彗星**：彗星总是飞来又飞去，所以当它们飞过地球上空的时候又多了一个外号，叫“扫帚星”。其中最著名的就是哈雷彗星，这颗彗星每 76 年光顾地球一次，哈雷彗星下一次出现在地球上空的时间是 2061 年。

• **流星**：流星其实是陨石进入地球大气层时燃烧形成的。如果你看到有流星划过，别忘了闭上眼睛许个愿哦！

12 讲一个世界上最有趣的笑话

曾经有人发起过一个针对笑话的投票，要选出一个世界上最好笑的笑话。最后，一个瑞典人讲的笑话获得了最高的票数。

他讲了这样一个笑话：

有一个斯德哥尔摩城里人离开家去乡下打野鸭。当他看到野鸭的时候，他果断地瞄准并且射击。然而很不幸的是，被打中的野鸭落在了一个农夫家的院子里，而且这个农夫拒绝把野鸭交给他。这个城里人很生气：“这只野鸭是我打下来的，它属于我，快把它给我！”农夫也针锋相对：“这只野鸭落在我家院子里，所以属于我！”于是这场争执持续了好一会儿。这时，农夫提出一个建议：“让我们玩个游戏决

定野鸭属于谁吧：我们互相踢对方的屁股，谁被踢到之后发出的叫声小，谁就拿走鸭子。”城里人同意了，并且让农夫先来。农夫大步上前，狠狠地在城里人的屁股上踹了一脚，城里人被踢倒在地上，疼得龇牙咧嘴。过了好一会儿，他才吃力地爬了起来对农夫说：“好了，现在轮到我了！”可此时农夫已经边走开边说：“好吧，拿着鸭子走吧……”

13 算一算你以后会长多高

你想知道你以后能长多高吗？

有一个简单的办法可以帮你算出你以后身材的高矮，当然，这个结果难免会有一点误差。你只需要知道自己现在的身高，然后按照下面的方法按按计算器就能知道结果了：

1. 先把你现在的身高换算成厘米输入计算器，比如130。

2. 然后按除号。

3. 在下页表格中找到你那个年龄段的数值，比如你8岁就输入72.3。

这时得出的数值就是你以后的大致身高（以米为单位），比如说你现在8岁，身高130厘米，那么130÷72.3=1.8米。

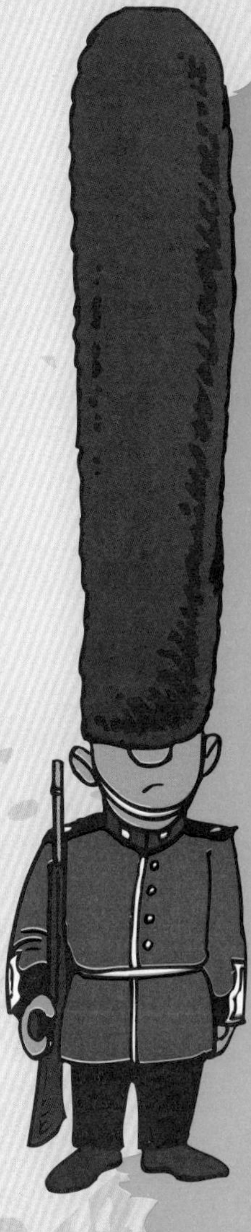

年龄	对应数值
7	69.5
8	72.3
9	75.2
10	78.4
11	80.4
12	83.4
13	87.6
14	92.7

14 自己做酸奶

酸奶是一种奶制品，是通过细菌发酵制成的，也可以通过在鲜牛奶里培育微生物的方法使牛奶变成酸奶。想不想自己动手做一瓶酸奶？这其实很简单。

1. 先往一个带瓶盖的玻璃瓶里倒满牛奶，然后加入一勺天然酸奶，因为你要在牛奶里加入酵母菌。

2. 拧紧玻璃瓶，然后和热水袋一起放到被子底下，也可以把瓶子放在暖气上。这样酵母菌就能获得足够的热量了！

3. 定期查看瓶子，掌握发酵的情况。最多8小时，你的酸奶就能做好。然后，你还可以根据自己的口味往里加果酱或者新鲜的水果肉。

你应该知道的是：

“酸奶”这个词源自土耳其语 yoğurt，意思是“发酵过的牛奶”。在 16 世纪的时候，一个土耳其医生曾经用酸奶治好过当时的法国国王弗朗茨一世的胃病。

为什么东弗里斯兰人喜欢在超市里吃酸奶？

答案：因为包装盒上写着：请在这里打开！

15 拯救掉进厕所的手机君

下面的事情可能发生在任何一个人身上：你在厕所里脱下裤子，此时裤袋里的手机“扑通”一声掉进了马桶。记住，这个时候你千万不能慌张！

首先，你要马上把手机捞上来，但千万不要开机！你要立刻把手机的电池和 SIM 卡拔掉，再用吸尘器把手机上的所有水吸干。千万不要用吹风机！

然后，把手机放到一个装满生大米的碗里，12 个小时之后把手机拿到一块干毛巾上放一天。

上述步骤完成后再把电池和 SIM 卡装上——如果运气好，你的手机应该还能用。

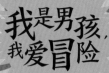

卢卡斯走在路的当中，有一个骑着自行车的人在他后面喊："嘿！别挡着路！你没听见我在打铃吗？"卢卡斯回答说："听见了……可我以为那是我的手机铃声……"

16 打倒吸血鬼

吸血鬼是一种让人难以置信的生物，比如说，它们是靠喝血为生的。假如你不注意，它们说不定就会喝你的血！所以，为了避免被吸血鬼吸血，你必须要掌握一些和吸血鬼对抗的本事：

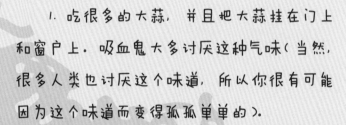

1. 吃很多的大蒜，并且把大蒜挂在门上和窗户上。吸血鬼大多讨厌这种气味（当然，很多人类也讨厌这个味道，所以你很有可能因为这个味道而变得孤孤单单的）。

2. 随身携带一些圣水和十字架。这些小工具可以帮你把某些吸血鬼吓跑。

3. 带上木桩作为武器。要想杀死一个吸血鬼，你就要把木桩往他的心脏钉下去。

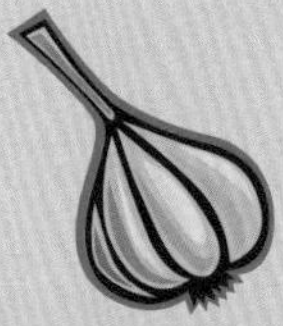

像德古拉伯爵那样的吸血鬼当然是不存在的，但是在某些偏远地区确实有会吸血的蝙蝠，它们以哺乳动物和鸟类的血为生。从某种意义上说，蚊子、臭虫和水蛭也算是吸血鬼一类的动物。

德古拉伯爵最喜欢的兄弟是谁？

答案：维奈图——他是德古拉的结拜兄弟。

德古拉伯爵的妻子被他第一次亲吻的时候说了什么？

答案：哎哟。

德古拉伯爵最喜欢什么动物？

答案：长颈鹿，因为它有长长的脖子。

17 建一个属于你自己的电影院

电影其实就是很多张单独的图片用很快的速度连续播放形成的效果。我们的眼睛因为跟不上这种图片切换的速度，所以就不会发现这些图片是静止的。那么，参考这个原理，你也可以制作一部自己的电影出来。

你需要准备的有：

- 4张一样大小、白色的、明信片样子的卡片
- 1把剪刀
- 几颗钉子
- 8个文件夹，如果没有，胶水也行
- 1根细木棍，比如厨房里用的木勺的柄

你需要这么做：

1. 把4张卡片从中间对折，再打开，并且一张张叠起来。

2. 在第一张卡片上画一个图案，比如一个男孩子。画的时候你可以把中间的折痕当成中心轴，在4张卡片上画上标记，这样在4张卡片上画一样高、一样大小的图案就会比较容易。记住，你要在这4张卡片上画的图案是4个模样相似但是动作不同的人。只有这样，最终的“电影”看起来才像是同一个人在做动作。

1

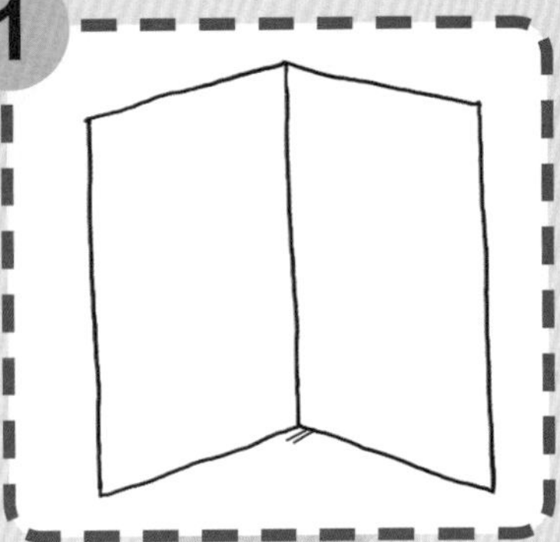

2

下一页继续！

3. 把卡片有图案的那面往里折，然后用胶水把第一张卡片的右半部分和第二张卡片的左半部分粘起来，以此类推，把4张卡片都粘在一起。你也可以用文件夹把4张卡片夹起来。

3

小建议：你也可以画一条狗，在第一张卡片上画一张它闭着眼的图，在第二张卡片上画一张它睁开眼的图，在第三张卡片上画它竖起尾巴的图，在第四张卡片上画它举起爪子的图。

4. 把木棍插到4张卡片的中间。如果你想让它更结实一点，也可以在木棍上涂点胶水。最后，你快速地把木棍转起来就行了！

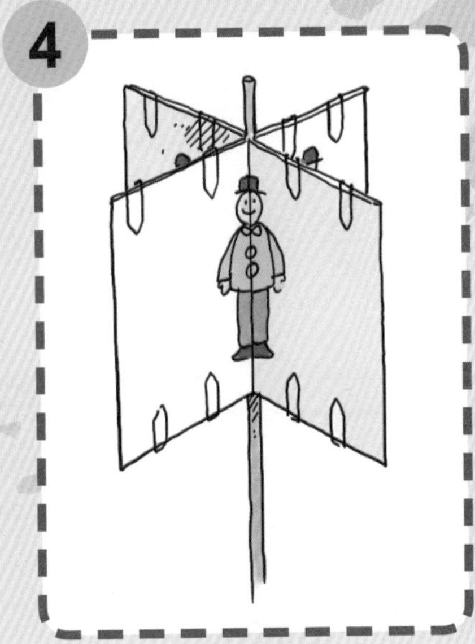

18

自己制作小熊软糖

你很喜欢小熊软糖？那你可以向父母要一点下面的材料来自己做：

- 130 克明胶
- 400 克糖
- 0.4 升根据你的口味选择的糖浆
- 4 勺柠檬汁
- 水

小熊软糖是 1922 年由一个德国人——来自邦纳糖果公司的汉斯·瑞格勒发明的。汉斯在 1920 年建立了 Haribo 糖果公司。

具体制作方法：

1. 先取 0.2 升水，把明胶倒进去搅拌，然后把搅拌好的液体放一刻钟，让它充分膨胀。之后用小火加热，但不要开大火煮沸。

2. 拿一个平底锅，放 120 毫升水，再放入糖搅拌。加热一小会儿，放在炉灶上待用。

3. 加入糖浆、柠檬汁和刚才煮好的明胶，用力搅拌均匀。

4. 加热完后，把锅在炉灶上放一会儿，但不要点火继续加热。

5. 现在你可以把这堆东西放进你的小熊软糖模具里捏造型了。在这个过程中你也可以加一些比如夹心巧克力之类的配料进去。

6. 接着，你要让小熊软糖慢慢冷却几个小时——然后你就能品尝美味的糖果了。

重中之重：完成上述步骤之后马上用热水清洗用过的锅具、餐具。

19 用摩尔斯密码说话

摩尔斯密码是在19世纪发明的，目的是通过电子脉冲信号来传递信息。即便到了今天，摩尔斯密码还是很有用的：你可以和住在隔壁房间的兄弟通过一长一短的敲击墙壁的声音来传递信息，也可以和对面的邻居通过手电筒的光线来说晚安。

世界上最重要的摩尔斯密码无疑是SOS信号，这个信号是船只在海上最常用的：三下短信号（S），紧接着是三下长信号（O），然后再是三下短信号（S）。

最重要的摩尔斯密码如下：

A	·–
B	–···
C	–·–·
D	–··
E	·
F	··–·
G	––·
H	····
I	··
J	·–––
K	–·–
L	·–··
M	––
N	–·
O	–––
P	·––·
Q	––·–
R	·–·
S	···
T	–
U	··–
V	···–
W	·––
X	–··–
Y	–·––
Z	––··
0	–––––
1	·––––
2	··–––
3	···––
4	····–
5	·····
6	–····
7	––···
8	–––··
9	––––·

20

记住 20 个空手道技巧

下面的 20 个空手道技巧是日本的一个空手道大师总结的。当你开始练习空手道时，这些技巧一定能帮上忙。

1. 习空手道者始于礼，终于礼。
2. 习空手道者不会先挑起争斗。
3. 习空手道者是义之辅助。
4. 先知己，后知彼。
5. 心技高于体技。
6. 聚精会神，心无杂念。
7. 祸生于懈怠。
8. 不在道场也可以修炼。
9. 修炼空手道是一辈子的事情。
10. 要把空手道的精神应用在日常诸事上。
11. 百炼成钢，不进则退。
12. 不要只想着胜利，而要思索不败之道。

13. 尽可能化敌为友。

14. 战斗的胜负不但与实战有关，也与精神有关。

15. 把你的手和脚想象成剑。

16. 出门之时就该做好面对各种压力的准备。

17. 初学者才会学习姿势，熟练者会习惯成自然。

18. 练习时注重型，实战时必须变。

19. 动作的快慢、张弛和伸缩都依赖正确的吐纳。

20. 要无时无刻不忘思考实战的方法和手段。

21 用玻璃杯演奏交响乐

你喜欢玩乐器？你可以试试用玻璃杯来演奏一曲交响乐。除了各种不同的玻璃杯外，你还需要一把木勺当乐槌。你把不同的杯子依次排开放在桌子上，用勺子轻轻击打它们，你会发现它们发出的声音是差不多的。

交响乐需要的当然不是全都差不多的声音，所以，你必须在每个杯子里放入不同量的水，放了水之后的杯子才是真正的乐器。

除了用勺子敲打之外，如果你把手指沾湿，在杯子的边缘反复摩擦，也能发出悦耳的声音。试试看吧！

如果没有杯子，你也可以用瓶子来演奏：把嘴放在瓶口的一侧吹气，直到你吹出美妙的声音。用瓶子发出的声音也会因为瓶子里水的多少而产生变化，你可以往瓶子里加入不同量的水来体会一下声音有什么不一样！

22 自己制作胶水

想把便条和自己做的手工艺品粘在墙上，却发现胶水已经用完了？你完全可以自己做一罐。要制作胶水，只需要搜集厨房里的一些边角料就可以了。

优点：我们在建材市场里买到的胶水和我们所做的不同，后者是用淀粉制成的，完全无毒无害。这种胶水唯一要担心的就是粘力的强度问题。

你所需要的材料有：

- 4勺面粉
- 2勺糖
- 水

首先，你要往锅里倒2杯水，然后倒入面粉，并且用打蛋器一直不停地搅拌。搅拌的同时你要烧一点热水（用电热水壶烧），烧开之后倒到刚刚搅拌好的那一坨面粉和水的混合物里。接下来，把锅放到炉子上，用小火慢慢加热，直到煮成一团浓稠的糊状物为止。这时加入准备好的糖，继续搅拌。等到你发现这团糊状的东西慢慢开始结块时，再加一次水，继续加热，直到这团东西变得足够黏稠为止。然后把锅从炉子上拿开，让它冷却下来。

当胶水冷却下来后，你可以把它装进一个透明的玻璃罐子里，用盖子密封好。记得要马上把刚才用的锅洗干净！使用自制的胶水时，你还需要一支刷毛比较短的刷子。

23 “饲养”水晶

水晶有很漂亮的外观，而且你可以自己生产！具体方法如下：

1. 倒100毫升热水到一个玻璃杯里，操作过程中要有成年人在旁边监督。然后加一点食用色素进去，搅拌，同时加入盐，直到盐不再溶解而沉到杯子底部为止。

2. 接下来就是考验耐心的时候了。把盐水倒在餐巾上（但不要把杯子底部的盐倒出来），然后放到房间里晒得到太阳的某个角落处，放上几天，等餐巾上的水分完全蒸发掉之后，你就会看见一些小小颗粒的水晶了。

3. 从中挑出那些颗粒比较大的水晶，把它们以 1 ~ 2 厘米的间距穿在一起。

4. 拿一个更大的玻璃杯，装上热水，再加入很多的盐，直到盐再也无法溶解而沉到杯底为止。

5. 拿一把勺子横放在玻璃杯口上，在勺子中间系上刚才穿好的水晶，让它垂下去挂在玻璃杯里。然后把整个杯子拿到向阳的地方继续晒，你会发现随着水分的不断减少，水晶变得越来越大了。

有趣的巧合： 从化学角度来说，我们吃的盐其实是氯和钠两种元素结合而成的化合物——氯化钠，这两种元素在食用盐里的排列顺序和水晶的分子结构一模一样。

24 “饲养蛇”

连水晶都能“饲养”的人，养蛇当然也没有问题啦——等一下，你不会以为我说的养蛇是养大自然里爬来爬去的活生生的蛇吧？当然不是啦！所谓的“养蛇”其实是一种有趣的小游戏，比的是“最后谁手里留下的纸条最长”。

游戏一开始，所有参加的人都会分到一张折叠好的报纸，然后每个人从报纸的任意一个角开始撕，等撕到没法再撕时，倒过来从另一个方向再接着撕。最后手里撕剩下的报纸长度最长的人，就是获胜者！

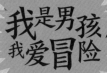

在日本，最受欢迎的报纸是日报。比如，《读卖新闻》就拥有超过2600万的读者。

一个报童在纽约街头穿梭，边跑边吆喝："特大诈骗案！已经有103人上当！"一个男人听到之后十分好奇地买了一份，翻来覆去看了一遍之后对报童说："我怎么没看到有诈骗案的报道呢？"报童继续吆喝道："特大诈骗案！已经有104人上当！"

25 补轮胎

你的自行车漏气了？别担心！用补胎工具很快就能把你的车修好，让你重新上路。你只需要按下面的步骤做：

1. 把自行车倒过来放在地上，座凳朝下。

然后用扳手把固定轮胎的螺丝拧开，取下轮胎。

2. 这时你发现有像图钉这样的东西插在轮胎上？那就把它拔出来，然后把外胎剥开。

下一页继续！

3. 把自行车内胎从轮胎上取出来，充足气之后放到一桶水里。注意观察哪个位置有气泡冒出来，那就是漏气的地方，你要注意这个位置！

4. 在修复漏气的地方时，首先要把内胎漏气孔的周边磨光滑。然后，从修补工具里取出

胶水，抹到刚刚打磨过的地方，等2分钟让胶水风干。

最后，把补胎片贴上去，并且紧紧按住，直到补胎片和轮胎完全粘在一起。

5. 不知道现在还会不会漏气？那很简单，打足气再放到水里泡一泡，看看有没有地方冒气泡就行了。

6. 最后，把刚才拆开的内胎和外胎重新按照顺序装起来，打足气之后装回到自行车上。

小建议：第一次拆轮胎之前，你可以先去观察一下专业修车师傅是怎么做的。这样，第二次拆的时候你基本上就能得心应手了。等到第三次拆的时候你也就差不多是补胎方面的专家了！

26 有趣的恶作剧

捉弄别人肯定不是绅士的行为，但有时候也是不得已的。

也许有时候你想捉弄一下某个同学或者某个小伙伴？那么下面几个捉弄人的小把戏可以供你参考，不过，如果你这么做了，说不定会成为不受欢迎的人哦。

• 当你要捉弄的那个同学弯下腰捡东西的时候，你在旁边用力撕一块编织物，让他以为是他的裤子破了。

• 在门把手的底部偷偷涂上一些奶油、芥末或者牙膏。

• 用胶带纸把水龙头封起来，这样，当水龙头开到很大的时候，水就会喷出来。

• 吃太多盐是不健康的，所以，你偶尔也可以把盐罐里的盐都换成糖。

• 在地上放一个钱包，钱包上面绑上一根透明的尼龙线，然后躲起来，等看到有人弯下身子捡这个钱包时，你就拉绳子，把钱包拉回来。

• 在别人背上贴一张小纸条，上面写上有趣的短语或名字。当然，前提是他没有发现你这么干。

27 学会俄罗斯乘法

两数相乘的方法，最早是古埃及人发明的。但在俄罗斯，那里的人对乘法有特殊的算法。如果知道他们是怎么运算乘法的，你和你的朋友们一定都会感到很惊讶。

俄罗斯乘法的方法是这样的：首先，把要相乘的两个数字写到同一张表格里：左边栏一个，右边栏一个。然后，把左边栏的那个数字除以 2，并把得到的结果不断地除以 2，直到最后得出的结果是 1 为止。而右边的数字先乘以 2，也是不断重复直到和左边是 1 的那一行持平。如果左边除出来的数字有小数点，那就把小数点后面的数字省略掉。

那么这两个数的乘积该怎么得出来呢？很简单，当左边除出来的结果是偶数的时候，就把对应的右边那栏的数字划掉。最后，把剩下来的数字加起来，就是最开始的两个数字的乘积了。

下面我们来举个例子：78 乘以 13，具体写出来就是：

78	13
78÷2= 39	13x2= 26
39÷2= 19 （省略非整数部分）	26x2= 52
19÷2= 9 （省略非整数部分）	52x2= 104
9÷2= 4 （省略非整数部分）	104x2= 208
4÷2= 2	208x2= 416
2÷2= 1	416x2= 832

左边一栏中的偶数是 78，4 和 2，所以右边这栏我们需要加起来的数字是：26+52+104+832=1014，这就是 78 乘以 13 的乘积。你也可以拿别的数字来试验一下！

28 要更多的零花钱

每个月你都能拿到足够多的零花钱吗？还是说几乎你所有朋友的零花钱都要比你多？如果是后者，那你完全可以坐下来和父母认真地研究一下涨零花钱的问题。

小建议：你可以和父母约定，把你零花钱中的一部分存起来。这笔钱你可以用来完成一些比较大的愿望，比如买一个最新版的电子游戏机。

“小的时候我就觉得，钱是世界上最重要的东西。直到今天，我已经垂垂老矣，我才觉得，这一点都没错。”（奥斯卡·王尔德）

下面这张表列出的是在不同年纪你可以要求的零花钱数目：

年龄	每周的零花钱	每月的零花钱
6	5元	
7	10元	
8	15元	
9	20元	
10		90元
11		100元
12		150元
13		200元
14		250元

29 赚更多的零花钱

爸妈给的零花钱你感觉不够用是吗？那就想办法通过打工赚钱吧！当然，这里说的不是真正的“工作”，因为雇佣童工是犯法的。

你可以做的事情有：

把旧玩具和废品拿到跳蚤市场去卖。或许你在打扫地下室的时候会发现很多积满了灰尘的家具，这些也能拿去卖钱吗？你要先取得你父母的许可才行。

如果你运气够好，那么，帮好心的邻居干活也是一条赚钱的路子。不过前提是他们必须是可以信任的人，同时你的父母也事先知道你在替谁干活。比如，你可以帮隔壁的奶奶买东西，也可以靠帮邻居阿姨铲雪，拿点报酬。

收集废品也是可以赚钱的呢，每个路边捡到的空瓶子或空罐头都能让你赚到一点钱，而且你在把废品送到回收站赚钱的同时，也保护了环境。

奶奶对小弗里茨说：“圣诞节我可以送你一本书当礼物。”弗里茨很高兴：“太棒了！随便什么书都可以吗？”奶奶说：“没错。”弗里茨回答：“那我要一本存折。”

“人能不能致富并不在于他赚了多少钱，而只在于他有多少钱没花掉。”（亨利·福特）

30 自己做薯片

你想来一份薯片吗？不用去超市买，只需要花一点时间，你自己也能做。当然，做的时候要有成年人在旁边监督才行，以防你切到自己的手或者被烫伤。

你所需要的材料有：

- 2 个土豆
- 少量盐
- 烤箱纸

首先你要把土豆去皮，切成薄片，注意切的时候不要切到自己的手指！然后把这些土豆片放在干净的餐巾上晾干，同时把烤箱加热到150摄氏度。

在烤盘上放一张烤箱纸，把土豆片分散放在纸上，烤大约半个小时，直到土豆片呈金褐色。

然后让你的父母把烤箱打开，取出烤盘，让烤好的薯片自然冷却，最后撒上盐。当然，你也可以加点别的调料，比如辣椒粉或者胡椒粉之类的。

大多数人认为，薯片的发明者是美国人乔治·克罗姆。他在1953年的时候做出了世界上第一份薯片。

31 转圈接龙游戏

你是不是在为生日晚会或者其他什么活动中玩什么游戏伤脑筋?

那就试试转圈接龙游戏吧!

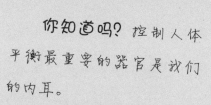

你知道吗?控制人体平衡最重要的器官是我们的内耳。

转圈接龙是一项比赛，所有参加的人分成两个小组进行对抗。参加者要绕着事先插在地面上的一根大约 1 米长的棍子跑，然后回到队伍里。下一个选手必须要等前面那个选手转完回来跟他击过掌之后才能开始比赛。这个游戏的重点是：每个参加者在绕圈的时候，头必须朝着棍子的方向，并且要绕着棍子转 3 圈。

你会发现：绕完 3 圈的人想要再走回到队伍里，往往不会是一件很容易的事情，因为在绕完 3 圈之后，他已经完全分不清方向了。

32 用算数游戏让别人目瞪口呆

只要你想，你就可以用下面的这个算数游戏让你的爸妈、朋友甚至是数学老师目瞪口呆：

1. 先让他随便想一个数字出来，比如19。
2. 然后把这个数字减2，即 $19-2=17$。
3. 把得出的数乘以3，即 $17\times3=51$。
4. 再加上12，即 $51+12=63$。
5. 再把这个数除以3，即 $63\div3=21$。

6. 倒数第二步：再加上5，即21+5=26。

7. 最后把刚才得出的结果减去最初的数字，即26−19=7。

你可以再用其他数字试一下，你会发现，不管是什么数，最后得出来的结果都是7。

小建议：如果你觉得心算太麻烦，你也可以直接用计算器算！

数学老师对汉斯说：“如果我今天给你2只兔子，这2只兔子明天生出1只小兔子，那你一共有几只兔子？”汉斯说：“5只。”老师很生气：“不对！”汉斯回答：“没错啊，因为我已经有2只兔子了啊。”

老师上课时问同学们：“谁能告诉我7只生活在非洲的动物？”小弗里茨回答：“我能，老师！5只狮子，2只大象！”

卢迪在他的朋友卡尔面前吹嘘：“我做算术的速度就像闪电一样快！不信你考我试试？”卡尔回答：“好吧，3乘以4等于多少？”卢迪回答：“14！”卡尔很肯定地说：“不对！”卢迪反驳说：“可是我算得确实像闪电一样快，不是吗？”

如果一条街道上有 12 间房子是有 1 根烟囱的，同时有 3 间房子是有 2 根烟囱的，那么会发生什么情况？

答案：烟囱会冒出烟。不然还会有什么。

8 根蜡烛中有 3 根熄灭了。请问还剩下几根蜡烛？

答案：3 根。因为只有熄灭的蜡烛会留下来。其他蜡烛会一直烧完为止。

如果在一颗半秃的脑袋上有 2000 根头发，那么在一颗全秃的脑袋上有多少根头发？

答案：一根也没有。

33 认识互联网

互联网上有数不清的网页，你都可以通过电脑进行浏览：有些网页是文字配图，有些则是文字配视频，还有一些是提供游戏或其他功能的网站。这些网站都有属于自己的地址，也就是网址。我们可以通过网址找到它们。

为了登陆这些网站，你首先要有一台电脑，这台电脑可以连接互联网，还要安装上可以浏览网页的程序，这种程序我们称之为浏览器。在浏览器的地址栏里输入网址，比如你在电视或者杂志上看到的那些，你就可以登陆到这些网站上去了。

在网页上你经常可以看到一些字用了特殊的颜色，点击这些字你可以看到更多的信息。

网址开头的“www”的意思是“world wide web”(世界万维网)，意思就是世界性的网络。在每个网址的最后都有一个缩写，这个缩写通常是表示这个网站的所在地，比如“de”就是德国的缩写。

缩写	国家
.cn	中国
.de	德国
.at	奥地利
.ch	瑞士
.tr	土耳其
.it	意大利
.fr	法国
.uk	英国
.es	西班牙
.se	瑞典
.ru	俄罗斯
.us	美国

34

上网时要注意

互联网虽然很有趣，但是也可能变得很危险。所以，你一定要遵守下面几条规定，防止发生意外！

• 如果你发现一些看起来很奇怪的网站，马上离开或者关闭网页，并且告诉你的父母。

• 在网上只和自己认识的人交换个人信息，比如学校的同学或者俱乐部的朋友，因为在互联网上也存在各种危险的人物，甚至是罪犯。

• 不要在网络上告诉别人你的真实姓名、家庭住址或者电话号码。如果你必须在网上登记这些信息，事先要告诉你的父母，并请他们来操作。

• 妥善保管你的上网账号，不要和别人分享。同时，只在那些你确定是可靠的网站上输入你的账号和密码。

• 除了危险的人之外，网络上还有很多危险的程序，这些程序会下载一些东西到你的电脑上。所以，你下载东西一定要选择那些可靠的网站，而且在下载之前最好询问一下你的父母是否可行。

• 在网上只玩那些适合你这个年纪的游戏，不要去玩那些给大人们玩的游戏，那可能会伤害到你。

• 上网和玩游戏都可能会上瘾！所以，你要控制好时间，每天最多玩1个小时！

35 自己缝纽扣

如果某天你突然发现自己的衬衫或者睡衣上少了一颗纽扣，你完全可以自己找一颗新纽扣缝上去。你所需要的只是一根缝衣针、一根颜色和其他纽扣线相近的线。然后你就可以开始缝了。

1. 首先把线穿进针眼里。你在针的尾部会看到有一个小洞，这个就是针眼。要想更容易地把线穿进去，你可以在线头上抹一点口水，然后搓捏一下。在把线穿过针眼之后，把线的两头并拢打个结。

如果牛仔裤上的金属纽扣掉下来，就说明这条裤子对你来说太紧了。

2. 现在，把纽扣放到你想缝的位置上，然后从衣服的背面插入缝衣针，并穿过纽扣上的第一个洞。接着，把针插入另一个洞，穿到衣服背面。用同样的方法把线穿过纽扣其他的洞。注意，要把线完全穿过纽扣并且尽量扯紧，这样纽扣才会牢固。

3. 最后，在衣服的背面给线打个结就可以了。如果留出的线头太多，你可以用剪刀修剪一下。

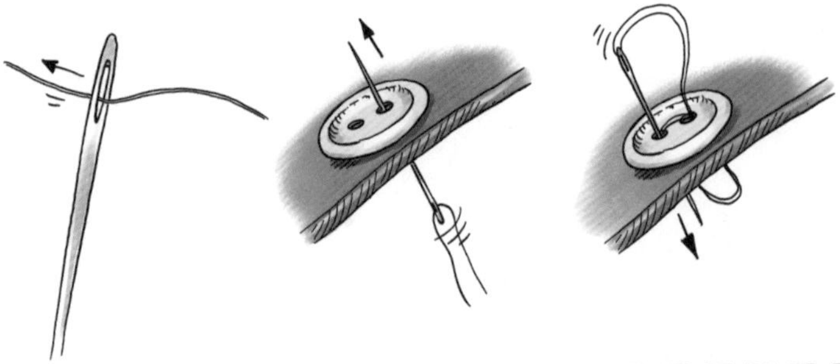

有趣的是：在欧洲，用线把纽扣缝到衣服上这种方法在古罗马时期就出现了，但纽扣上的孔却是到中世纪才有的。

36 看北极星辨别方向

想象一下，某个深夜你一个人在野外迷路了，这时你该怎么找到回家的路呢？在伸手不见五指的环境里，你要怎么确定该往哪个方向走呢？其实这很简单：看北极星辨别方向就可以了，就像几千年以来人们一直做的那样。北极星所在的位置就是北方，你很容易就能认出它：它是小熊星座里最亮的一颗星。

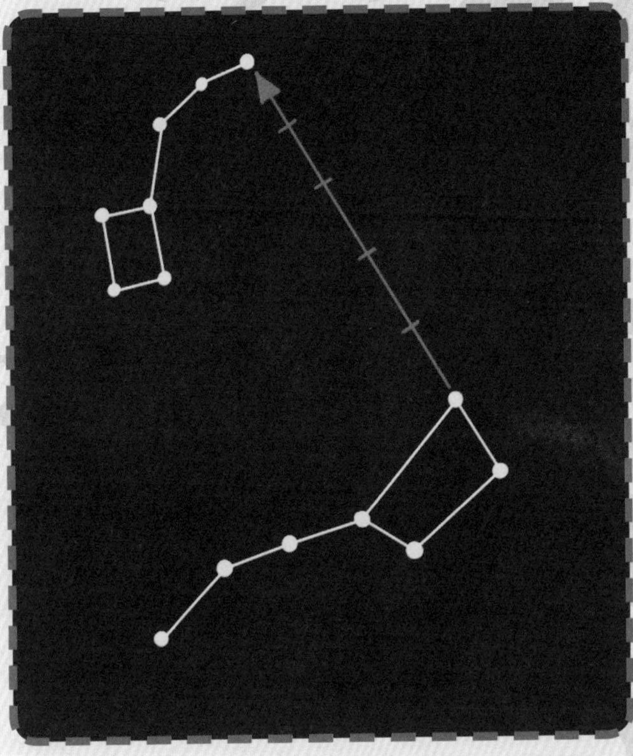

小熊星座看上去就像一辆没有轮子的手推车，车把手的末端就是北极星。不过你可千万别把小熊星座和大熊星座搞混了，这两个星座长得非常像。

37 管理游园会上的游戏摊位

现在就着手摆一个游戏摊位怎么样？一点都不麻烦，而且这个过程会让你觉得很好玩，当然，也很吵。

你需要的东西仅仅是：

- 10 个事先洗干净而且已经用锉刀把可能划伤手的底部处理过的空罐头
- 3 个网球

现在，你就可以搬一张桌子，在上面搭游戏台了。

首先，你要搭的是一个用罐头垒成的金字塔：在金字塔的最底层放 4 个罐头，在第三层放 3 个罐头，在第二层放 2 个罐头，在最上面一层放 1 个罐头。搭完这个金字塔之后，你要在离它至少 3 米的地方画一条线。

然后，参加游戏的人就可以站在这条线后向这个罐头金字塔投掷网球了。每个玩家有 3 次机会，谁砸下来的罐头最多，谁就是获胜的人。如果成绩相同，那么就再扔一次。

这样的一个游戏摊位你也可以在夏日晚会的时候搭在学校里。每个要玩的人先要付给你 1 角钱，这些钱就是你的收入。当然，你也要给那些只扔 3 次就把所有罐头都打下来的获胜者们准备丰厚的奖品才行。

38 不用雪橇滑雪

终于下雪了，可是你却找不到雪橇了？没关系，因为没有雪橇也一样可以滑雪。

关键是： 开始滑雪之前你要先把“赛道”清理出来，要是路上有玻璃碴和其他硬邦邦的东西，很有可能会让你受伤的！

事实上，就算不用雪橇，你也可以用下面这些东西来滑雪。

救生圈——救生圈用来滑雪再合适不过了，你只要坐进去，然后一路往下直冲就可以了！

塑料盆——底部很光滑的塑料盆也很适合用来滑雪。用塑料盆滑雪你会感觉到那崎岖不平的地面就在你的裤子下面！

橡皮艇——橡皮艇可以同时容纳好几个人，所以很适合一家子一起滑雪的时候用。不过尽量别用新的橡皮艇来滑雪，因为虽然新的橡皮艇玩起来很有趣，但是一般玩过之后这条艇也就破掉了。

没用的旧平底锅——平底锅滑雪法的优点是它有个把手。不过这有个前提，在你家厨房里找得到大到可以让你坐进去的平底锅吗？如果有，那恭喜你，你可以开始一次崭新的滑雪之旅了！

冬天，一只蜗牛在樱桃树上缓慢地爬着。这时飞来一只小鸟，好奇地问蜗牛：“你在干吗呀？”蜗牛回答：“干吗？我想去吃樱桃啊！”小鸟说：“可是现在树上根本没有樱桃啊！”蜗牛说：“等我爬到顶上的时候就有了。”

一群印第安人问族里的巫师：“这个冬天会怎么样？”巫师回答：“又长又冷。你们快多砍点柴回来！”于是他们砍了很多柴回来。可是冬天来了，却一点也不长，更不冷，反而非常短暂而且温暖。第二年的冬天依然如此，印第安人堆积了大量木柴，可是巫师的预言根本没有应验。于是，第三年的时候，印第安人转而去咨询对气象有研究的气象学家了。他们问他：“嘿，白种人，今年冬天会怎么样？”气象学家回答说：“又长又冷！”印第安人奇怪地问：“你凭什么那么肯定？”气象学家回答：“因为有一群印第安人两年来像疯了一样砍了很多的树！”

东弗里斯兰人在冬天的晚上干什么？

答案：他们在冬天的晚上嘲笑他们在夏天讲的那些笑话。

在什么地方除夕比圣诞节要早？

答案：在字典里。

爱斯基摩人用什么玩大富翁游戏？

答案：小冰块。

妹妹的舞蹈跳得很好，可是为什么总是拿不了第一名？

答案：她只是跳得好，但不是跳得最好的。

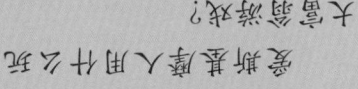

二级机密

39

发送加密消息

如果你想发信息给你的朋友，但又不想让别人看懂，那你就得给这段信息加密。利用凯撒加密法很容易就能做到——你只要把字母表的顺序换一下就行了。比如把字母表调整成从字母 D 开始的顺序。除了初始字母外，其他字母的顺序都保持不变，然后把调整过的字母表和正常的字母表一一对应起来，用调整过的字母表里的字母来替换原先的单词：把每一个 A 替换成 D，把每一个 B 替换成 E，把每一个 C 替换成 F……

凯撒密码是古罗马皇帝凯撒发明的，最初主要是用在军事方面的。

A ⟼	D
B ⟼	E
C ⟼	F
D ⟼	G
E ⟼	H
F ⟼	I
G ⟼	J
H ⟼	K
I ⟼	L
J ⟼	M
K ⟼	N
L ⟼	O
M ⟼	P
N ⟼	Q
O ⟼	R
P ⟼	S
Q ⟼	T
R ⟼	U
S ⟼	V
T ⟼	W
U ⟼	X
V ⟼	Y
W ⟼	Z
X ⟼	A
Y ⟼	B
Z ⟼	C

收到加密信息的一方，必须要把凯撒密码还原成正常的字母顺序，这样才能阅读信息里的内容，也就是说，他要把 D 换成 A，把 E 换成 B，把 F 换成 C……以此类推。并不是非常难，对吗？

小建议：你要把加密的消息藏好，不能让它落到敌人的手里。另外，最好写在小纸条上，然后把字条绕在圆珠笔笔芯里。之后你就假装把圆珠笔落在了桌子上，这时收消息的一方就能在不被注意的情况下取走加密消息了。

40

制造隐形墨水

你可以在纸上写一些不会被别人看到的字，只有你想让他看到的那个人经过一些特殊处理才能看到你写的内容。这种可以写出看不见的字的墨水能用很多种方法制造出来，比如说洋葱。

1. 先在一个玻璃杯里放一张咖啡滤纸。

2. 把洋葱切成小块后捣碎，倒在滤纸上。汁液会渗过滤纸滴入玻璃杯，而洋葱的固体残渣会被滤纸挡住。这些滴到杯子里的洋葱汁就是你的隐形墨水。

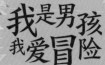

3. 要用隐形墨水书写，你可以找一支不用的钢笔，把洋葱汁当墨水灌进去。除了钢笔，你也可以用棉签、毛笔来书写。用隐形墨水写的字干了以后是完全看不见的。

如果想要看到用隐形墨水写的内容，方法如下：由于隐形墨水的成分是碳，所以你只要将它加热，它的颜色就会变深，字也就显示出来了。

41 做些有趣的事情来打发时间

你很无聊吗？当然，你可以做些所谓有意义的事情。但如果你对一本正经的事情没兴趣，那么下面这些建议或许你可以考虑一下：

• 朝天空吐口水，越高越好，然后再试试用嘴接住。不过这种事你只能在放假的时候自己一个人干。

• 学着挤斗鸡眼。举起你的食指，放到距离你鼻子一臂距离的地方，用两只眼睛盯住它，然后把食指逐渐向鼻子的方向靠近，你的眼睛也随着食指的移动继续盯住它，斗鸡眼就出来了！

• 对着镜子学做可笑的鬼脸，然后在你的兄弟姐妹和朋友们面前表演。

就算没有钱，也比没手强。

用两只耳朵听，总比用四只眼睛看要更有效。

不听老人言，就该看电视。

不是所有的自吹自擂都让人觉得恶心。

你告诉我为什么，我告诉你是为了什么。

不要在爸爸妈妈回来之前高兴得太早。

给别人烤香肠的人，自己肯定会先咬上一口。

“啊”字一出口，“哎哟”接着有。

苹果掉落
的地方附近一定有马。
（因为马也喜欢吃苹果）

42 布置一个属于你的萝卜园

你想吃到自家花园里种的萝卜吗？你可以问问你的爸爸妈妈能不能让你在花园四周的墙角种萝卜。如果你家没有花园，你也可以在阳台上的花盆里种种看。

如果你是种在花园里，你需要一块干净的土地，并把整块土地松一松（最好找个朋友帮你一起做），然后尽可能地把其他植物的根须都挑出来扔掉，因为你要确保在你的萝卜园里只有一种植物能生长，那就是萝卜。

如果你是种在花盆里，那这个步骤就更简单一点，你只需要把栽花的土填满花盆就行了。

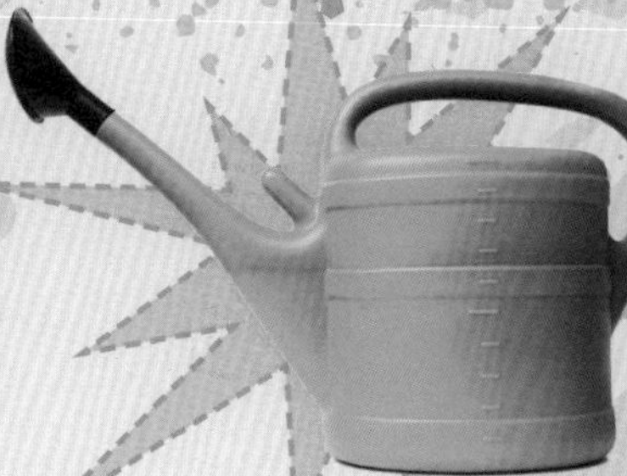

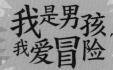

接下来你需要的就是萝卜种子了，你可以在花鸟市场里买到。把买来的种子撒在刚才挖好的坑里，种子之间保持大概 7 厘米的距离。然后用力把种子往土里压进去 1 厘米深，但是注意不要压得太深！

在之后的一周里，你要让这块土地保持湿润，而且不要让它被太阳直射得太久。定期观察萝卜苗的生长情况。一般 4 ～ 5 周之后，你就可以吃到自己种的萝卜了。

小建议：收萝卜的时间宜早不宜迟，因为收得比较晚的萝卜吃起来的味道就没那么香了。

43 自己做一盘美味的水果沙拉

天冷的时候你尤其需要补充维生素，所以你可以试试自己来制作一盘水果沙拉。

你需要的材料有：

• 水果（比如香蕉、苹果、橙子、水蜜桃或者其他任何你能在厨房里找到的水果）

• 2勺柠檬汁

• 6勺橙汁

• 蜂蜜

先将水果去皮，切成小块，再把这些小块放到碗里，接着把柠檬汁倒进去搅拌，再倒入橙汁，然后根据口味加入适量蜂蜜，并用勺子反复搅拌。接下来你就可以开始享用了！如果你是在夏天做沙拉，那往里面加一点香草冰激凌，味道会更好！

什么东西是黄色的，并且是用来射击的？

答案：香蕉枪。

什么事情比苹果长了虫子还糟糕？

答案：一个被咬过的苹果和被咬了一半的虫子。

44 闷热的夏天在花园里淋浴

当屋外酷热难当时，你完全可以在自家的花园里搭一个淋浴房。你需要的材料只是一根橡皮水管、一个完好无缺的莲蓬头和一根扫帚柄，然后你就能轻轻松松地把这个淋浴房建好了。

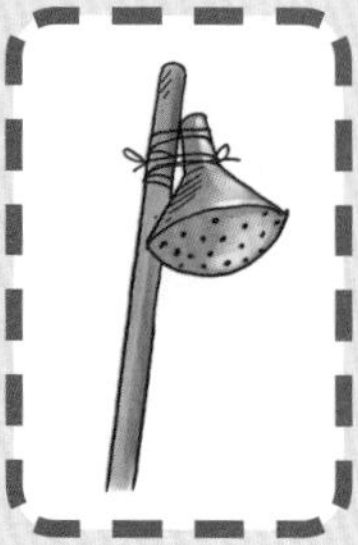

1. 先把莲蓬头绑在扫帚柄的上方，最好用粗电线绑。

2. 把水管插到莲蓬头里。

3. 现在你只需要把扫帚柄插到地里，然后把水龙头接到管子上就行了。

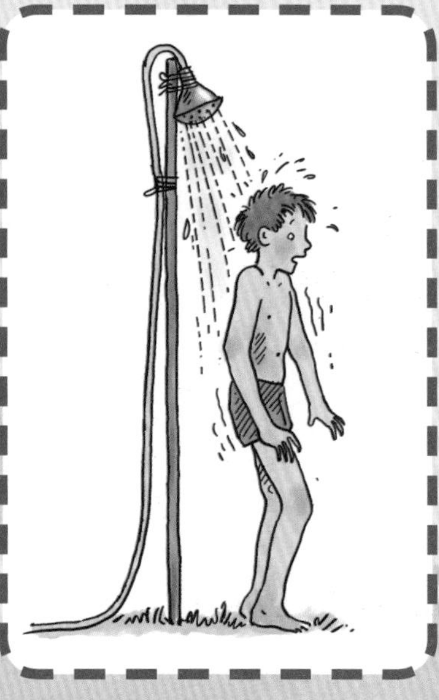

祝你洗得愉快！

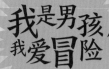

你家里没有橡皮水管？你可以拿一个浇花用的水壶灌满水，在水壶把手上系上绳子将其固定在树枝上。注意不要让水壶掉下来，不然你洗澡的时候会受伤的！然后，拿一根电线绑在水壶的喷嘴上。当你想要冲水的时候，拉一下电线让水壶倾斜，水就会流出来了。

为什么东弗里斯兰人总是在淋浴房里进进出出？啊，原来淋浴房的门上写着："一起洗澡（其实是洗浴联合公司）。"

两个东弗里斯兰人在莲蓬头下面洗澡。其中一个问另一个："能借我点洗发露吗？"另一个说："干吗，你不是带着吗？"

"我是带着，可是上面写着'适用于干性头发'，可是我已经把我的头发弄湿了。"

45 戳气球，但是不要戳破

当你用指甲去戳一个充满气的气球时会发生什么？气球当然会爆开啊，而且会伴随着一声巨响。因为气球里的空气在那一瞬间会以很快的速度冲出来。但其实你只要玩个小花招就可以避免这种情况了。你可以靠这招让你的朋友们目瞪口呆！而你所要做的，只是在气球上贴一条胶带（如果用胶带贴一个十字形就最好了），然后在贴胶带的位置往里戳，就一定不会戳爆气球，里面的气会慢慢地从你戳进去的地方漏出来。

这是什么原理呢？因为胶带的材质比制造气球用的橡胶更坚固，很难被撕破。同时胶带又把它周围的橡胶紧紧地粘在了一起，所以这样一来气球也就不会炸开了。

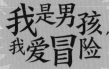

下次你过生日的时候还可以玩一个有趣的游戏：吹气球比赛。每个参加者必须用最快的速度吹好 3 个气球。你可以事先做一个环，吹好的气球绝不能比这个环小。如果你找不到合适的环，也可以找一根铁丝掰成一个圆圈。

46 学会用 4 种语言数到 10

多会一门外语总是好的。当你和家人去国外旅行或者遇到来自其他国家的朋友时，你的外语技能就用得上了。所以，先试着学会用 4 种语言数到 10 吧。

	英语	西班牙语	法语	意大利语
1	one	uno	un	uno
2	two	dos	deux	due
3	three	tres	trois	tre
4	four	cuatro	quatre	quattro
5	five	cinco	cinq	cinque
6	six	seis	six	sei

注意：在英语 three 的发音中，[θ] 是一个咬舌音，需要你用舌头抵住门牙并用力吐气才能发出来。

	英语	西班牙语	法语	意大利语
7	seven	siete	sept	sette
8	eight	ocho	huit	otto
9	nine	nueve	neuf	nove
10	ten	diez	dix	dieci

世界上说的人最多的语言是汉语，这是因为中国有 13 亿人口。紧随其后的是英语。如果你学会了英语，那么你就几乎可以在世界上大部分国家畅通无阻，因为世界上有很多人都学过英语。

世界上最大的国家是……

俄罗斯，它的面积是 1710 万平方千米。它是德国的 48 倍，是法国的 25 倍，是西班牙的 34 倍。

世界上最大的岛屿是……

丹麦的格陵兰岛，面积超过 200 万平方千米，但岛上只有 56000 个居民。

世界上最高的山峰是……

喜马拉雅山的珠穆朗玛峰。它高达 8848 米。

世界上最长的河流是……

长达6671千米的尼罗河。它的源头位于非洲东北部的布隆迪高原，途经多个非洲国家，最终在非洲东北部的埃及流入地中海。

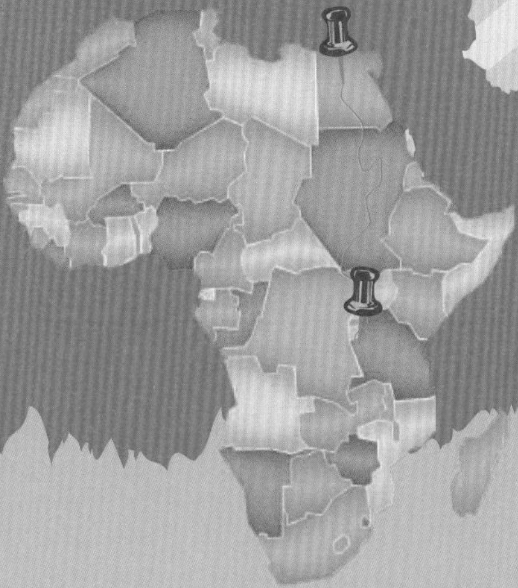

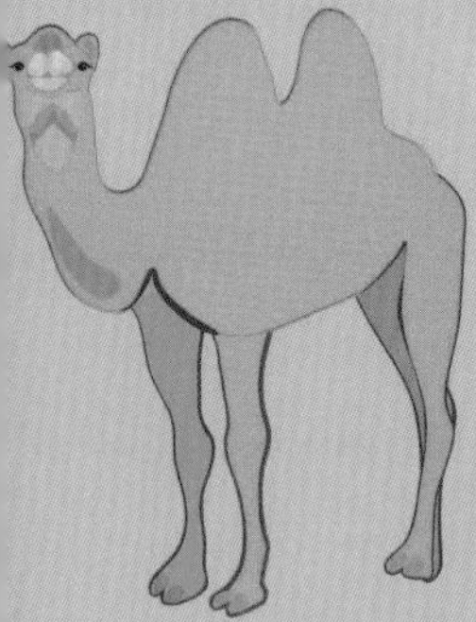

世界上最大的沙漠是……

撒哈拉沙漠，它位于大西洋非洲沿岸和红海的中间，面积约920万平方千米。

地球上最深的地方是……

西太平洋的马里亚纳海沟，其中最深的斐查兹海渊深达11034米，比海平面要低10000多米。

47 用空牛奶盒做一艘赛艇

你只需要花很少的钱就能做出一艘超赞的水上快艇：一个空牛奶盒和一个气球，另外还有一把作为制作工具的剪刀。

具体制作过程如下：

1. 将牛奶盒剪成两半，这两半都可以拿来当船身。

2. 在剪开的盒子尾部剪一个小洞，这个洞的大小要正好能让气球的前半部分穿过去，但切记不要开得太大！

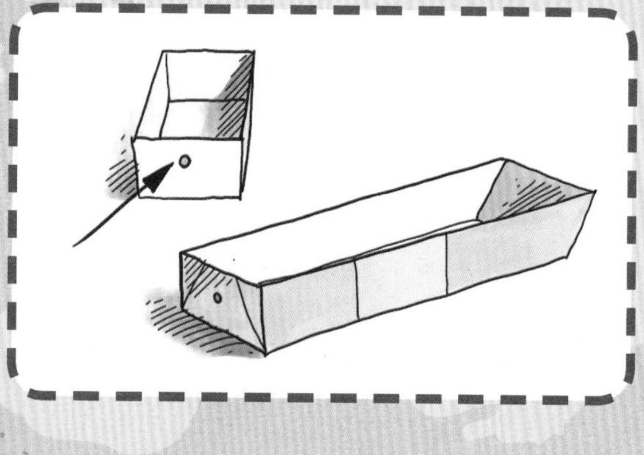

3. 往气球里吹气，然后把吹好的气球插进盒子尾部的小洞里。记得要把进气口留在洞外面打个结。

4. 把这艘牛奶盒赛艇放到水里，然后松开进气口，就可以出发了！

除了赛艇，牛奶盒子也可以变成蒸汽船。只要把厕纸中间的卷轴涂上颜色插在盒子里，就是一根烟囱了。

来一场小型的赛艇比赛怎么样？

你可以招呼你的朋友们一起做几艘牛奶盒赛艇，然后你们就可以来一场赛艇比赛了。虽然是牛奶盒做成的赛艇，但在水上看起来也是很壮观的呢！

48 画一条可怕的鲨鱼

只要你能按部就班地做，其实画画是一件很容易的事情。比如你想要画一条吓人的大鲨鱼，那就只需要拿起一张纸和一支笔，然后按照下面的步骤一步步完成就行了。

1

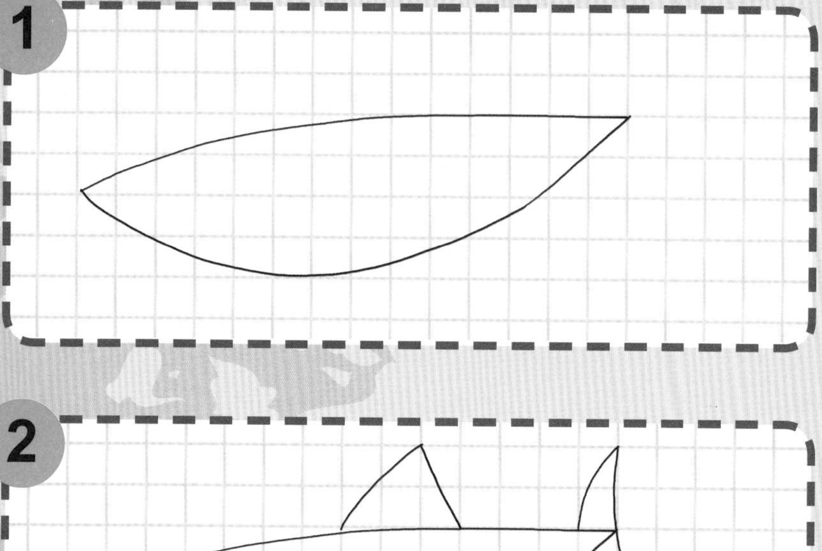

2

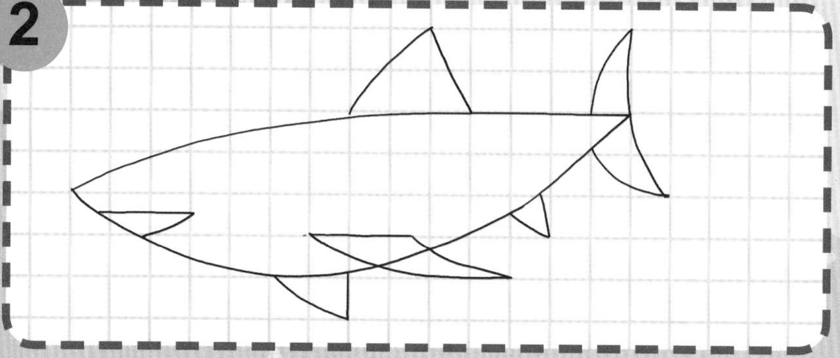

3

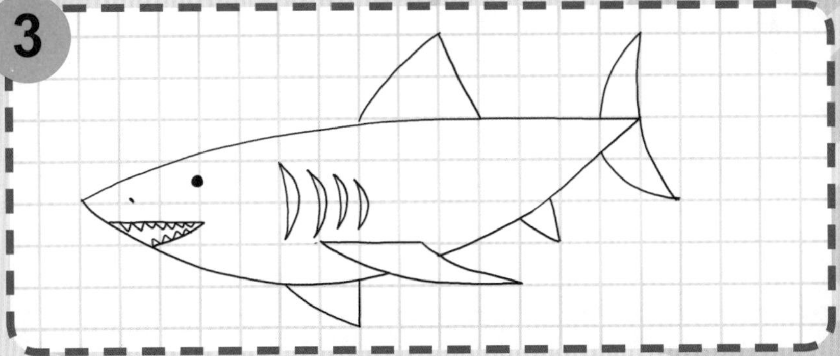

4

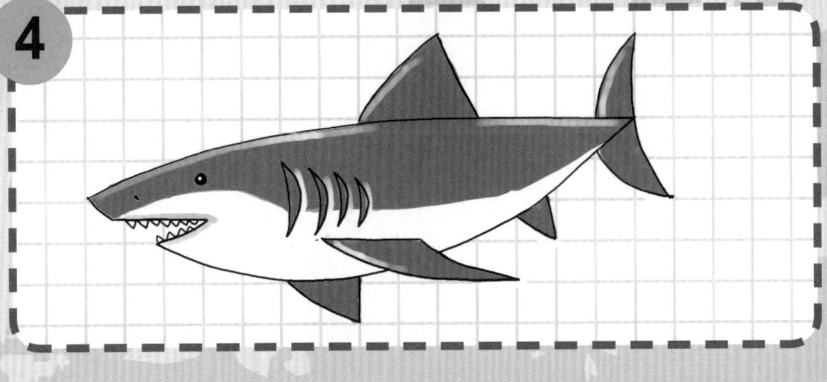

49 表演一个超棒的魔术

你可以用下面这种“超能力”让你所有的朋友都目瞪口呆：猜出他们在 1 ～ 10 之间任意选择的一个数字！为了证明你确实是猜到的，你可以把你猜出来的数字写在纸条上给他们看。

其实这个魔术的原理很简单：首先你要把 1 ～ 10 的所有数字分别写在纸条上，并且把这些纸条藏在不同的地方，然后你要记熟在什么情况下拿出放在哪里的数字。比如被念到的数字是 9，那你就把写着 9 的纸条拿出来。不过，别告诉其他人还有别的纸条存在哦！

魔术师最喜欢的花是什么？

答案：藏红花。

魔术是怎么把水变成冰的？

答案：在“水”的左边加两点。

人们怎么称呼中国魔术师吃饭用的筷子？

答案：魔杖。

50 自制黏土

用黏土捏出各种小玩意儿是一项很不错的娱乐活动！事实上，自己来做那些黏土同样是一件很有意思的事情。

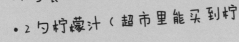

要想自制黏土，你需要的材料有：

- 2杯面粉
- 1/4杯盐
- 1勺食用油
- 2勺柠檬汁（超市里能买到柠檬粉，用水调一下就行）
- 食用色素
- 水

在碗里倒入 250 毫升的温水，加入盐和食用油，充分搅拌。为了让黏土看起来颜色鲜艳，加入一些食用色素，接着慢慢地把准备好的面粉倒进去，同时把这些东西充分搅拌均匀。如果可能，最好用搅拌器来做这一步。如果搅拌好的黏土显得太干，适当往里再加一点油；如果太湿，就再加一点面粉。

最后把做好的黏土好好揉一遍，把它们装进一个密封的容器里，放到冰箱里保存起来。一般黏土在冰箱里可以保存好几个星期之久。

51 自制潜望镜

任何一艘潜水艇都需要潜望镜，只有有了这玩意儿，潜水艇里的人才能观察到水面上的情况。现在只需要简单几步，你就可以自己造一部潜望镜出来，不过用这个方法做出来的潜望镜只能在陆地上用，可不能下水哦。

你需要的材料有：

- 1个黑色的、结实的纸板箱
- 2片长方形的镜子（6厘米宽，8.5厘米长）
- 胶水和胶带纸

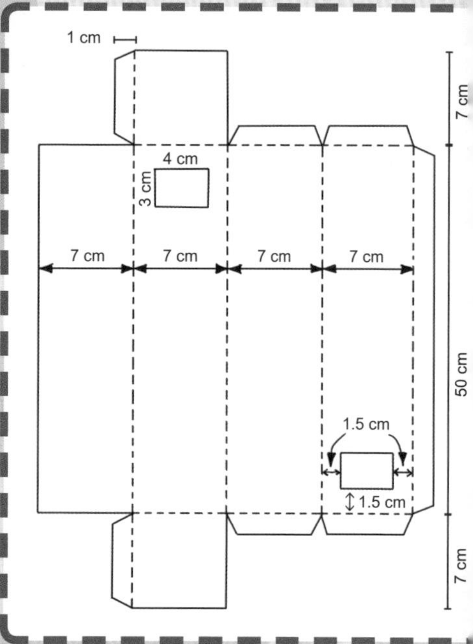

1. 先把潜望镜的尺寸算好，然后把大概的轮廓按拆开的样子画到纸板箱上去。

2. 把整个轮廓剪下来，千万别忘了留出两个装镜子的口子。然后按照虚线的位置把剪下来的图形折起来，在做了记号的位置涂上胶水，这样整个潜望镜的框架就做好了。

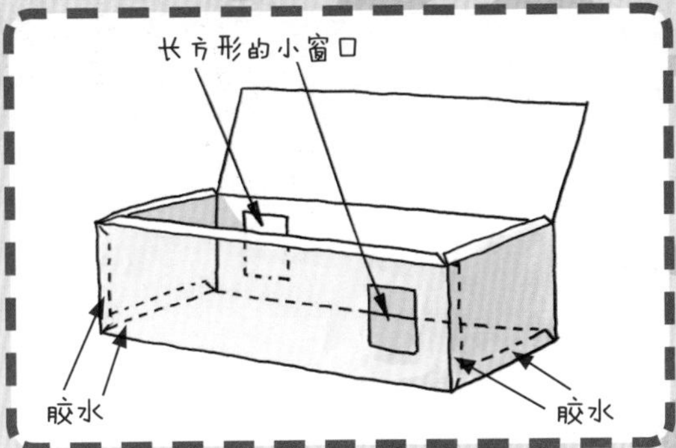

3. 把两片镜子粘到下图中盒子里蓝色的区域。

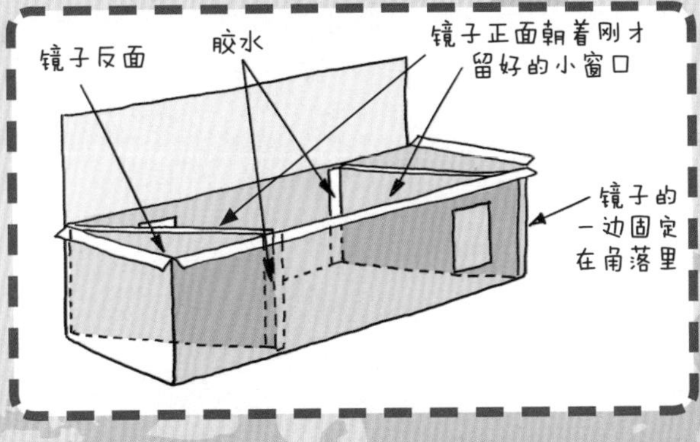

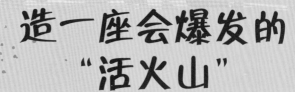

52 造一座会爆发的“活火山”

是时候了解一下火山爆发的原理了。不过你不需要真的让一座火山爆发，你可以用沙子或者土，堆一个“火山”出来进行实验——只限于在家里实验哦！

你需要的材料有：

- 1 个玻璃杯
- 1 个小塑料罐头或者塑料瓶
- 2 盒苏打粉
- 100 毫升醋
- 红色食用色素

把罐头开口向上埋到沙子或者土里，在罐头里灌满苏打粉，然后在玻璃杯里把醋和色素搅拌均匀。接着，你要做的就是把调好的液体快速地倒进装满苏打粉的罐头里，“火山”爆发马上就要开始了！

火山为什么会爆发呢？

上面这个实验里的“火山”爆发实际上是一种化学反应，真正的火山爆发主要是岩石被超过1000摄氏度的高温熔化后冲破地壳喷到地面上的现象。

爸爸在饭桌上宣布：“去意大利度假的计划取消了，因为那不勒斯的一座火山爆发了。”小弗里茨不以为然地说：“这有什么大不了的，等我们到了意大利的时候，警察肯定已经把火扑灭了啊。”

53 想一个好借口

生活中你总会需要一些得体的借口，下面是一些在各种场合都适用的借口：

对不起，我上课迟到了。因为我的直升机坏了，所以只好骑自行车来上学。

对不起，我刚才不该说你看着显老的，我是错把你认成我叔叔了。

对不起，我忘记给你回电话了，因为我爸把电话线拿去钓鱼了。

对不起，我今天必须得早点走，不然我就要错过下一辆自行车了。

对不起，我昨天不该逃课的，实在是因为我昨天做了个梦把昨天当成星期天了。

对不起，你对我大姐的表白恕我不能转达，因为她和她男朋友看电影去了。

对不起，我不能准时去赴约了，因为我坐的这辆车好像迷路了。

对不起，我今天下午不能去你那儿了，因为一头奶牛咬住了我的鞋子。

对不起，我没把家庭作业做完，因为实在是来不及抄完了。

我眼中最好的借口：

54 小心那些会咬人的动物

世界上有很多动物可以通过角戳或者叮咬而令你感染上疾病，但只有很少的几种动物可以把人一下子打倒，然后吃掉，遇到这些动物你就必须格外小心！

大型猫科动物

狮子、老虎、猎豹、美洲狮和美洲豹都是很出色的猎手，即使面对我们人类时也是一样。如果你在野外不幸遇到一只大型猫科动物，你千万不要看它的眼睛，因为它会把这视为攻击性行为。也不要立即逃走，因为这样一来它会马上追上你。你必须慢慢地向后退，然后想办法离它远远的。

熊类

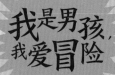

所有熊类中最为凶猛的是北极熊，但是这种熊你只能在北极的野外才能看到。不过，即便是普通的棕熊也会攻击人类。熊的奔跑速度很快，所以如果你遇到熊，最好的办法是躺在地上装死。

鲨鱼

一些大型的鲨鱼，比如大白鲨、虎鲨和牛鲨经常会攻击人类。如果你看到水面上有鲨鱼的鳍露出来，那你一定要保持冷静，尽量不要用“狗爬式”逃走。相反，待在原地尽可能保持平静是最好的办法，因为鲨鱼会因为你的一举一动做出攻击动作。

爬行类

有几种鳄鱼会主动攻击人类。万一你被鳄鱼攻击而掉进水里，那要马上把你的夹克衫或者T恤脱下来盖在它的眼睛上。然后你要做的只有一件事，就是撒开脚丫子死命地往陆地上逃！

55 锻炼你的肌肉

你想要拥有一身肌肉吗？这可不是一下子就能练出来的，必须坚持锻炼才行。要达到这个目标，你每周要锻炼两次。每次锻炼前要做足热身运动，比如绕着你家的房子跑两个来回，然后你可以用“平板支撑”一次性锻炼你身体各个部位的肌肉，不过在那之前别忘了在地上铺上一张瑜伽垫。

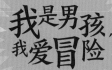

铺好垫子之后，把前臂弯曲靠在地上支撑你的整个身体，时间越长越好。如果实在坚持不住了，就稍微休息一会儿再重新开始。你可以反复进行这种支撑，直到再也坚持不下去为止。重点是：你在支撑的过程中要记得让自己的背和地面保持平行，另外，要让你的头部和脊柱形成一条直线，肩膀不要向上耸，也不要屏住呼吸！

什么，你说这个练习你觉得太容易了？

那你可以在支撑的时候把一条腿抬起来，并且保持这个姿势，这时你的上半身还是要保持水平状态哦。

56 来玩打猎游戏吧

夏天的时候如果闲得无聊，你可以找一些好玩的游戏来玩，比如打猎游戏。参加游戏的人会被分为猎人和猎物，不过别误会，不会真的有人在游戏中受伤的。这个游戏的具体玩法是这样的：把参加的人分成两组，一组人扮演狐狸，一组人扮演猎人，狐狸们的目标就是从猎人的“枪口”下逃走。

好，现在开始玩吧。首先，狐狸们会被允许比猎人先出发前往目的地。在出发之前，他们会分到一个装满纸片的袋子，他们必须把这些纸片撒在他们走过的路上，作为猎人们可以追踪的线索。当然，除了真正的线索，狐狸们也可以留下假的线索来迷惑猎人们。

然后轮到猎人们出发了。猎人的目标就是要抓住狐狸。如果猎人能在狐狸们到达目的地之前抓住他们，猎人就赢了，否则赢的就是狐狸们。

一个猎人和另一个猎人抱怨："你知道吗，我家那条狗简直搞笑到家了——每次我没打中猎物，它就会兴奋地翻跟头，然后像疯了一样狂叫。"另一个猎人好奇地问："那你打中的时候它是什么反应？""这个我还不知道，我5年前才买了这条狗……"

57 办一个试胆大会

每年的 10 月 31 日和 11 月 1 日这两天我们都会庆祝万圣节，这个时段也是举办试胆大会的最佳时机。

在试胆大会的邀请卡上你可以这样写 :“来体会最恐怖的事情吧！”你还可以用黑色的纸剪一只模样可怕的蝙蝠贴在邀请卡上。

然后你就可以开始装饰举办试胆大会的房间了，别忘了要装饰得很恐怖哦！比如，在悬挂的气球上面画上吓人的图案；用穿破的羊毛衫做一些可怕的“蜘蛛网”；把屋子里的光线调到最暗，将一些南瓜掏空，并在南瓜上用刀刻出可怕的脸，再在里面点上蜡烛做成南瓜灯。不过点燃这些蜡烛的时候一定要有

大人在场哦！

另外，参加试胆大会的人也要穿得十分吓人才行，比如打扮成吸血鬼、狼人、僵尸、强盗或者魔鬼什么的，总之，越恐怖越好。

除此之外，你们聚在一起时还要每个人讲一两个吓人的鬼故事，聊天的时候也要假装自己真的是个幽灵一样。

最后，别忘了所有参加的人要投票选出当天穿着最吓人的人，这个人就是试胆大会的冠军！

马维问马库斯："如果你在马路上看到一只怪兽，你会怎么做？"马库斯回答："我会希望那天是万圣节……"

58 收集有趣的声音

下雨声、海浪声、火焰燃烧时发出的嗞嗞声……类似这样的很多声音其实你自己就可以制造出来。学会制造这些声音，你就能对电话那头的朋友搞恶作剧，也能用麦克风和别人玩猜声音的游戏了。下面我们就来介绍几种特别有趣的声音以及它们的制造方法。

溪水声

用喷壶往已经装满水的簸箕或者碗里洒水就会发出这种淙淙声。

海浪声

将一把烘干的豆子放到手鼓里，然后使劲摇。

风声

在一块厚纸板上用洗衣服的刷子不停地画圆圈。

雨声

把米倒进硬纸板箱里。

雷声

找一个大纸箱子或者金属做的薄盘子，然后用力地上下摇动，就能发出类似的声音。

火焰的嗞嗞声

把玻璃纸揉成团就能模拟出火焰燃烧发出的嗞嗞声。

刹车时轮胎发出的声音

用叉子刮盘子。

打架的声音

用自己的双手互相碰撞。

房子倒塌的声音

拿几个空的火柴盒放到手里，慢慢地揉成一团。

59 用土豆做一个图章

你可以自己做一个图章，然后用这个图章给属于你的私人物品打上记号。要做这样的图章，你只需要准备一个土豆和水彩颜料就行了，具体的做法如下：

1. 把生土豆从中间切开，你只需要其中的一半就可以做一枚图章了。

2. 拿一把锋利的刀在切开的土豆剖面上仔细地挖，刻出一个你想要的字。不过有一点别忘了，就是字要反着刻，这样印出来的字才是正的。

3. 现在你要做的就是把做好的图章浸到调好的水彩颜料里，或者用水彩笔把颜料涂上去，然后就可以敲图章了。不过很可惜，每一个土豆图章的保质期都不会很长，因为时间一长，土豆就会发软，粘在一起，到那时你就要重新做一个了。

如果你想要一个保存期比较久的图章，那你可以用橡胶代替土豆，做完之后只要在橡胶图章上面粘一个木头柄就可以了。

60 轻松吹出肥皂泡

吹肥皂泡是一种老少皆宜的游戏。你要做的只有一件事，那就是吹出圆圆的肥皂泡。而要吹出这种肥皂泡，首先你需要一根弯曲的吸管（把吸管的上半部分拧成一个圆圈，把下半部分当成把手就行了），然后你就可以用这根吸管蘸着肥皂水吹泡泡了。下面是几种制造肥皂泡的方法，可以供你选择：

1. 在200毫升的水中加入60毫升的洗涤剂，然后往里面加2勺玉米糖浆，用力搅拌直到产生大量泡沫。

2. 在200毫升温水中加入150毫升中性肥皂液、100克糖和5克墙纸粉，充分搅拌后倒到1.5升的清水里。然后放一晚，你就能得到一瓶可以做泡泡的液体了。

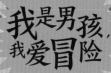

3. 在200毫升水中加入60毫升婴儿沐浴露，再加入3勺玉米糖浆，然后搅拌。用这个配方也一样要搅到出现泡沫才行。

另外还有一种吹泡泡的办法：找一根秸秆，一头浸到肥皂水里，另一头用嘴吸一点点肥皂水，再吐出来，就能吹出泡泡了。

61 自己动手制作圣诞雪球

你是不是想要送一份精美的圣诞礼物给你的亲戚或朋友，但又不想花太多的钱？又或者你想打扮一下自己的小天地？那你可以自己动手做几个圣诞雪球，只要摇一摇它们，雪球里就会飘起雪花。

你需要的材料有：

- 一个洗干净的、带瓶盖的果酱瓶
- 在里面随便放一个物件（棋子或者幸运彩蛋什么的都可以），这样“雪”下在上面看起来更漂亮
- 一些会发光的纸屑（你可以在卫生用品商店或手工用品商店里买到）
- 防水的胶水

先用防水胶水把刚才准备好的物件粘到果酱瓶盖的内侧，然后放到一旁晾干。

把发光纸屑倒到瓶子里，装满水，接着把粘好的瓶盖盖上拧紧，并用力地摇一摇。记住这一步要在洗手间里做，因为很有可能会有水花溅出来。

完成上述步骤之后基本上就大功告成了！现在你要做的就是拧紧瓶盖不停地摇晃，这时你会发现瓶子里就好像在下雪一样，看起来非常漂亮，对吧？

62 学做好吃又好看的果酱馅饼

肚子饿了吗？那不如试试自己动手做一顿好吃的甜食——比如果酱馅饼——来填饱肚子吧！做馅饼并不麻烦，你只需要准备下面这些原料就可以了：

- 2 杯面粉
- 2 杯牛奶
- 2 勺糖
- 2 个鸡蛋
- 一点食用油

如果你想做很多的果酱馅饼，那就多准备点面粉、糖、牛奶和鸡蛋。

具体制作方法如下：

将面粉、牛奶和糖放到一个碗里，加入鸡蛋，然后搅拌（最好用搅拌器）。把搅拌后形成的面糊晾15分钟。在这期间起油锅，加热食用油，然后用大勺子把刚才做的面糊一点点摊到锅里去，最后要让整个锅底都被一层薄薄的面饼覆盖住。

当你发现锅里的面饼边缘开始变成褐色，同时这些面饼已经凝固成型，能在锅里滑来滑去的时候，你可以找一个大人帮你把整个面饼翻过来继续加热。完成这个步骤后，你就可以把面饼盛出来放到盘子里了。如果需要，这时你就可以开始煎下一个饼了。

最后，你可以在做好的饼上面抹上黄糖、苹果泥、果酱、巧克力酱或者别的你喜欢吃的配料，馅饼就算完成了。

63 自己做个拨浪鼓玩

你可以用拨浪鼓演奏出很好听的声音，虽然这个声音听起来和其他打击乐不太一样。如果你想自己做一只拨浪鼓，那么你需要准备好下面这些材料：

- 1个带盖子的长筒管
- 1根木棍
- 1个木螺钉
- 1个软木塞
- 1根绳子
- 胶带

首先，你要从长筒管上锯下10厘米，最好让大人帮你做这个。注意，如果你想做一个比较小的拨浪鼓，那就锯得短一点。然后，在锯下来的筒管一侧钻个洞，并把木棍从洞里穿过去抵住另一边，接着用准备好的木螺钉从外面固定住木棍，并拧紧。

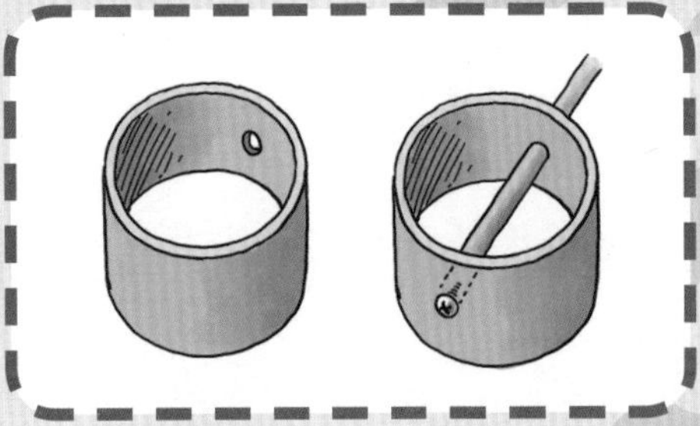

把软木塞从中间切成两半，在切开的软木塞的中间各钻一个小洞，取两根大约 15 厘米长的绳子分别穿过这两个洞，然后打个结，这样绳子就不会掉出来了。最后，用胶带把穿过木塞的两根绳子的另一端粘在长筒管的两侧。这样你就可以把刚才已经固定好的木棍放在两手手心之间使劲地搓，让它发出声音了！

64 变得像爱因斯坦那样聪明

只需要一点小技巧，你就能把枯燥的学习变得既轻松又有趣，你也就不需要整天为了家庭作业和学习上遇到的问题烦心了。下面就是其中的一些诀窍：

1. 找到最适合你的学习时间！比如说午饭后通常是一个人注意力最不集中的时候，所以最好等到下午你感觉精力旺盛的时候再开始学习。

2. 选择最适合你的学习场所！如果你喜欢待在同一个地方学习，那这个地方最好既安静又舒服，有充足的光线，还有新鲜的空气。又假如你喜欢在写字桌上看书，那就记得要时刻保持桌面整洁，以免太杂乱无章的摆设分散你学习的注意力。

3. 注意劳逸结合！请记住，学习效果好坏的关键并不在于学习时间的长短，而是在于效率。所以，如果你能在学习一段时间之后休息一会儿，那对你更好地理解和掌握教材上的知识绝对是有好处的。休息的时候你可以多看看窗外，或者吃几块小点心。

4. 经常复习你的教材！通常，如果只看一遍教材，你会很快就把刚看过的东西忘得一干二净，但通过反复地复习，你是可以把短期记忆转变成长期记忆的，完成这个过程之后你就能随心所欲地运用这些知识了。

5. 利用卡片索引来学习！这个方法最适合学习单词。你可以在其中的一面写上单词，然后在另一面上写上它的解释或者翻译。比起抄在练习册上，这种方法的好处在于：你可以把你的学习材料用卡片来进行分类和排序。你可以把记载着你已经掌握的知识的卡片排到后面，而把你想要经常拿出来复习的卡片放在整叠卡片的最前面。

65 成为悠悠球大师

悠悠球是一种非常古老的玩具。我们现在已知最早的玩悠悠球的人出现在一只花瓶的图案上，而这只花瓶是在公元前 440 年制造的，离现在已经有近 2500 年了。当时的悠悠球是用一根管子把两片圆木片穿起来，然后在管子上缠上线，就能让悠悠球上上下下地转动了。

而在今天，只需要两片报废的 CD，一张大约 15 厘米长、5 厘米宽的硬纸片以及一根 1 米左右长的绳子，你就可以自己做出一个悠悠球来。

1. 在硬纸片的一头挖一个小洞，把绳子穿过去打个结。

2. 把硬纸片从另一头卷起来。

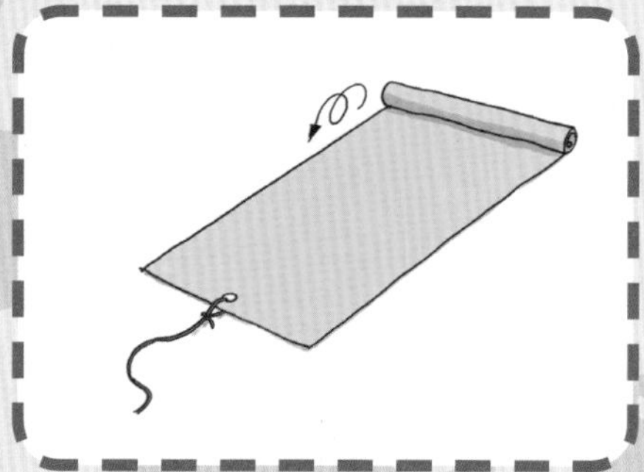

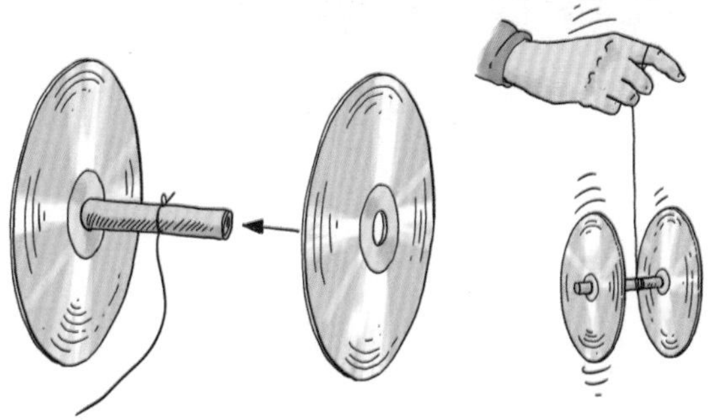

3. 把卷起来的纸筒两边插进CD中间的圆孔里，记得要把纸筒的直径调节成刚好和CD圆孔直径一样的大小。

4. 把刚才穿好的绳子绕起来，并在绳子的另一头再打个活结，套在手指上，这样你就可以控制悠悠球了。

世界上最大的悠悠球现在保存在美国加利福尼亚州的国际悠悠球博物馆里。这个悠悠球是用木头做的，重123千克，名字就叫“大悠悠”。

66 不用火柴和打火机生火

火很危险，但对人类来说也很重要。尤其是当你一个人待在野外的时候，火不但能帮你取暖、做饭，还可以帮你吓跑那些危险的野生动物。就算你没有随身携带火柴和打火机，要生火也不是什么难事。不过，不管怎么样，你在使用火的时候最好能有一个大人在旁边看着，而且千万不要让火焰在没人看管的情况下燃烧！首先，你要找一块可以点火的空地。然后找一些石块把这块地方围起来，这样火就不会烧到别的地方去。如果可以，最好用石块围成类似壁炉或者炉灶的样子。

接下来的步骤是：

1. 捡一些干燥的树枝，把它们堆起来。

2. 挑两根比较小的树枝，剥掉树皮。

3. 在其中一根树枝的中间位置上切一个“V”字形的口子。

4. 把另一根树枝拿过来卡在刚才切开口子的位置上，和之前的那根树枝形成十字交叉的样子。

5. 用上面的那根树枝反复摩擦下面的那根，等到树枝开始冒烟时，吹散那些烟继续不停地摩擦，直到火完全燃烧起来为止，这时你就可以把食物拿出来烤了。

67 投篮游戏

投篮游戏是一个可以在教室或者自己的房间里玩的游戏，你所需要的全部道具就是一个纸篓和一堆纸团，然后试着从一定的距离（开始可以是 1 米，然后不断增加）往纸篓里丢纸团。

如果你要和很多人一起玩这个游戏，那你可以把参加者的投中次数记录下来，投进一个算1分，到最后谁的分数最高，谁就是胜利者。当然，你也可以不用纸团而用真的球，比如网球或者乒乓球进行这个游戏。

库诺问爷爷："以前你总看高尔夫比赛，现在不看了吗？"

爷爷回答："不看了，我的医生说我要多运动，所以我现在改看足球了。"

体育比赛要求运动员"更高、更快、更强"，要"向前进"，但有一种比赛只能往后退，这是什么比赛？

答案：拔河比赛。

冷笑话：

一个球滚到了墙角，然后……它就摔倒了。

68 在自己的房间里建一个秘密基地

每个男孩都梦想有一个只属于自己的小天地，如果是一个秘密基地当然最好了。

假如你要建设自己的秘密基地，那么你可以考虑一下下面三个建议：

• 把房间里所有的柜子围在一起，柜子后面的空间足够隐藏你的秘密宝藏了。不过别忘了在柜子之间留下一条只有你能通过的小路当成秘密基地的入口哦。

• 你的衣橱里是不是很宽敞？如果是，那你完全可以把衣橱改造成你的秘密基地。不过别把门关得太严实，这样不利于呼吸新鲜空气。

• 在桌子上铺一块很大的桌布，这样一来桌子底下也可以立马变成你的秘密基地了。

一级机密

选定建造秘密基地的地点之后，你就要开始准备对它进行一些改造了。

首先，你需要一床被子，必须是那种不管是躺在上面还是盖在身上都很舒服的被子才行。然后，你还要准备一些充饥的小点心、一盏台灯和一本惊险刺激的小说。对了，笔记本和笔也是不能少的，你可以用它们随时记录下你的生活。最后，别忘了提醒你的兄弟姐妹还有你的父母：当你一个人待在你的秘密基地里的时候，不要来打扰你！你也可以在秘密基地外面挂块牌子，上面写上：

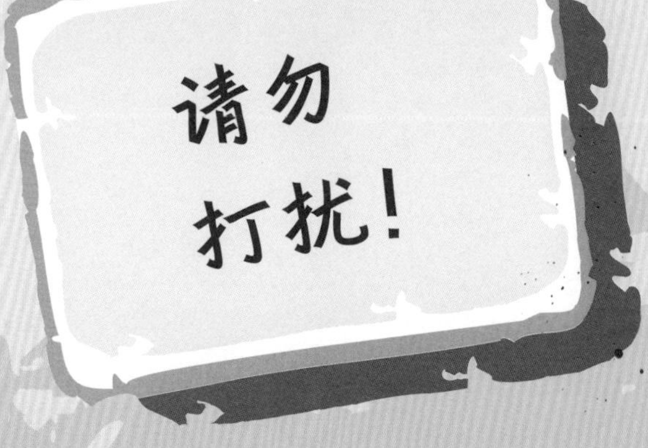

69 分辨各种脚印

不管你是想辨认小偷入室盗窃留下的脚印，还是想分清楚野外各种动物留下的足迹，用石膏来做脚印模型都是最合适的。你可以在任何一个建材市场或者手工用品商店买到石膏，然后你就可以开始制作脚印模型了。

1. 首先，你要把脚印上的小石头、树叶和脏东西拨开，但要注意不要破坏脚印的形状。

2. 在石膏里加水搅拌，当石膏变成石膏糊时，把它抹在脚印里。注意，不要抹到脚印的外面！

3. 现在你需要先等石膏变硬，然后把石膏小心翼翼地取出来，放到地上，检查一下凝固的石膏模型有没有破损。

研究动物脚印的科学家也叫足迹化石学家。

注意：为了不让石膏流到脚印以外的地方，你可以在脚印的边缘插几片硬纸板。

老鼠的脚印：

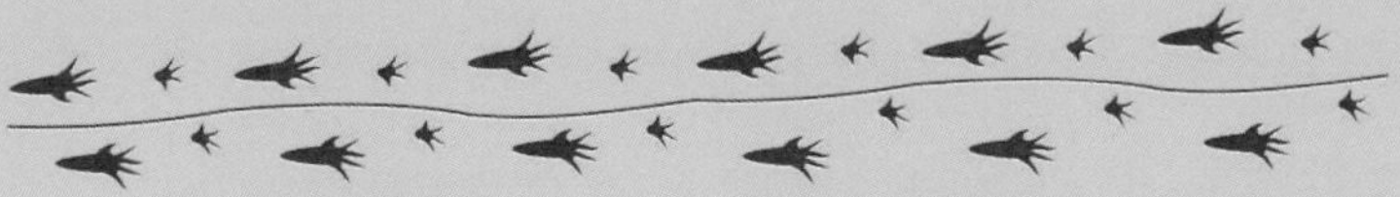

兔子的脚印：

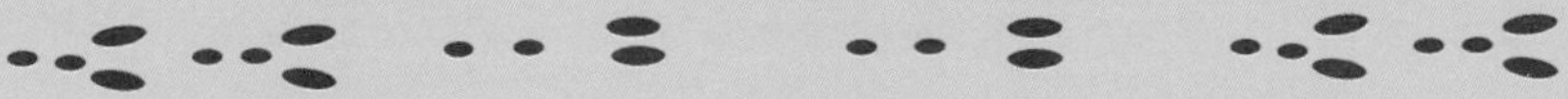

野猪的脚印：

是不是觉得这些脚印很有趣？那就去森林里搜集各种动物的脚印吧，然后找那些老猎人教你辨认哪些脚印属于哪些动物，相信过不了多久你自己就能辨认那些脚印了。

70 罚进每一粒点球

你喜欢踢足球吗？那你肯定会遇到要靠罚点球才能让球队获胜、才能让朋友们对你刮目相看的时候。那么，关于罚点球，我有几个很有用的建议要给你。

• 熟能生巧！你必须要经常进行罚点球的练习，要尽量把球往球门的角落踢，不要往正中央踢。

• 锻炼自己的左右脚。如果你擅长用右脚，那就尽量把球往球门的左下角踢。如果擅长左脚，那就尽量把球往球门的右下角踢。

• 学会踢点球时使用假动作。特别是当你发现守门员已经提前往一个方向移动时，一定要往相反的方向踢。

• 踢球时用尽全力。你可以在训练中进行针对性的练习，以形成习惯。

• 踢点球时不要想得太多，更不要紧张！你越是冷静，踢进点球的可能性就越大。

点球的另一个叫法是什么？

a）任意球

b）罚球

c）球门球

答案：b。

一个德甲（德国足球甲级联赛）球员问自己的儿子："为什么你留级了？""这是好事啊！爸爸你看，其他人都转会去了别的年级，只有我和自己的班级续约了！"

71 吃昆虫

在很多国家，吃昆虫都被认为是很恶心的一件事情，而同样软绵绵的贝壳类食物却很美味。人们为什么不喜欢吃昆虫呢？要知道，在危急关头，拿昆虫当食物可是能救命的呢！

白蚁

吃起来的口感就像生菜一样，100克白蚁含有46克脂肪和38克蛋白质，能提供610千卡（约2550千焦）的热量。

甲虫

甲虫在亚洲很常见，通常出没在树林中，你可以用灯光把它们吸引过来。

蚱蜢

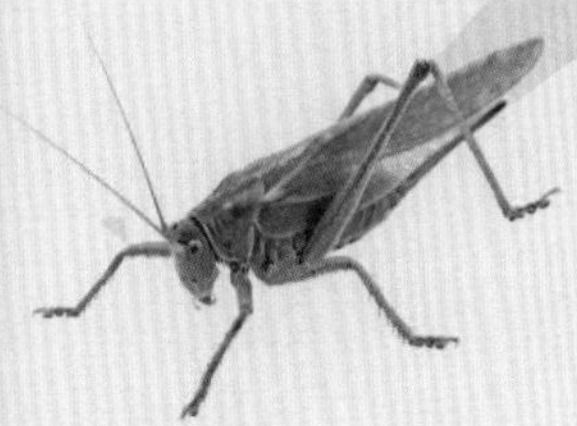

蚱蜢可以炸着吃，也可以烤着吃。在很多国家，烤蚱蜢都是一道美味。亚洲、非洲和南美洲一些地方的人们有吃蚱蜢来补充蛋白质的习惯。

飞蛾

飞蛾很受澳大利亚人的喜爱，特别是一些澳大利亚土著很喜欢吃当地一种7厘米长的飞蛾，有的人生吃，而有的人喜欢烤着吃。

蟋蟀

100克蟋蟀里的钙、铁和碳水化合物的含量要比同等重量的肉制品多得多。中国一些地区的人就特别喜欢吃烤蟋蟀。

72 自制铅笔电池

虽然这种电池并不能点亮台灯，但它能持续提供大约 0.5 伏电压的电流，而且很容易制作。你需要的材料仅仅是：

- 1 支铅笔
- 1 块铝箔
- 盐
- 水
- 耳机

先把铅笔削尖，然后把铝箔折成和铅笔一样长短，再在铝箔的一端抹上一些盐，蘸一点水把它弄湿。然后，把铅笔放在铝箔上，一头朝着撒过盐的地方，另一头要超出铝箔一

些。最后，把耳机的插头拿过来放在超出铝箔的铅笔部分和铝箔之间，这时你会听到耳机里有“沙沙”的声音，这就表明有电流通过，你的实验成功了。

你知道吗？世界上第一块可以使用的电池是1800年意大利人亚历山大·伏特发明的，所以后来人们就把电压的单位叫做伏特了。

电池有……？

a）南极和北极

b）多头和寡头

c）正极和负极

答案：c。

73 学会用旗语传递消息

用信号旗来传递消息是一种很古老的方法，最早是海上航行的船只在使用，即便是今天，还有很多船在使用这种方法。

下页的这些插图会告诉你不同的旗语表示什么意思。你可以邀请你的朋友一起来学习这些旗语，然后一起来用旗子交换消息。

除了信号旗语外，旗子本身也有一些特定的意思，使用不同的旗子表达的意思也会不一样。

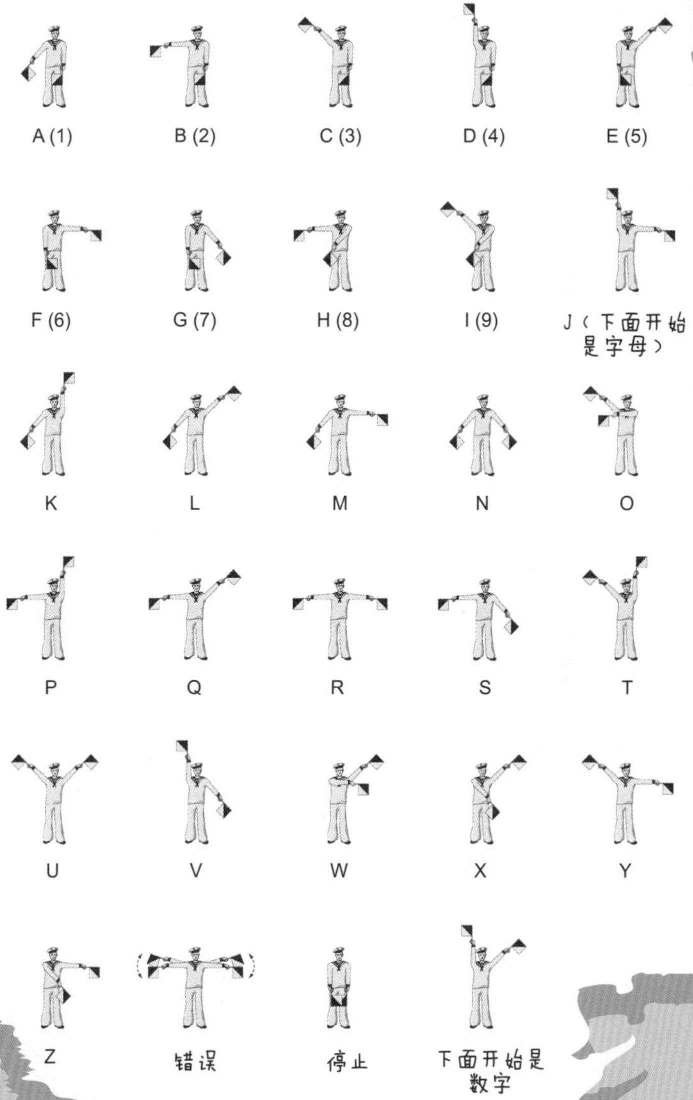
A (1)
B (2)
C (3)
D (4)
E (5)
F (6)
G (7)
H (8)
I (9)
J（下面开始是字母）
K
L
M
N
O
P
Q
R
S
T
U
V
W
X
Y
Z
错误
停止
下面开始是数字

74 休息一下，吃点果冻吧

炎炎夏日，再也没有什么比一边吃自己做的冰镇果冻一边休息更舒服的事情了。

要想自己做果冻，你需要的材料有：

- 3 把苏打粉（面包粉也可以）
- 1 勺柠檬酸
- 2 勺糖
- 1 勺果冻粉（根据你的口味选择）

把所有配料放在一个玻璃杯里，然后加水搅拌，果冻就做好了！如果你尝了一下觉得味道太甜，那下次做的时候记得少放点糖；如果味道太酸，那下次就少放点柠檬酸。另外，你也可以在果冻里加一点覆盆子或者车叶草。总之，根据你自己的口味发挥你的创意，做一些新奇独特的果冻也是完全没问题的。

果冻是怎么做出来的呢？其实原理很简单：

苏打粉和柠檬酸会发生化学反应，产生酸味和气泡，它们与果冻粉混合后，就成了果冻。

世界上最早的果冻出现在19世纪。

75 打发坐车时的无聊

我们外出旅行时要坐很长时间的车，坐车时你是会选择看书还是打游戏呢？或许你对这两种打发时间的方式都已经感到厌烦了，那不如试试下面的几种游戏吧。

趣味造句

每辆车的车牌上都有字母，你可以用车窗外开过的车子的车牌上的字母来造句。你也可以和小伙伴们比赛，看谁造出的句子最有趣，谁就能得到“街头之王”的称号。

猜猜车开了多远

留心你乘坐的汽车的仪表盘，然后猜一下开到某一个地点时仪表盘上的数字会跳到多少，比如你可以以下一个要到达的城市或者下一个休息站为目标，和小伙伴们比赛一下，看谁猜的数字和实际数字最接近，谁就是胜利者。

拼出城市的名字

在被你们超车或者超过你们的车辆的车牌上随便找一个字母做为首字母，然后拼出以这个字母开头的城市的名字。

颜色游戏

玩这个游戏能让时间过得像坐上了飞机一样快。每个人选一种颜色，然后在旁边经过的车辆里找相同颜色的车。谁选择的颜色的车辆出现得最多，谁就是这个游戏的赢家。你们也可以用车牌上的数字来玩这个游戏。

76 让风筝高飞吧

可以放风筝了，如果你没有风筝，那就自己动手做一只吧。

你需要的材料有：

- 1 个大塑料盒
- 2 根大约 45 厘米长的圆木棒
- 1 根缠在纱管上的风筝线
- 1 个圆环
- 剪刀和胶带纸

要制作风筝，你要按照下列步骤来做：

先把塑料盒剪开，剪出一只风筝的形状，然后在你打算穿风筝线的位置作一个标记。

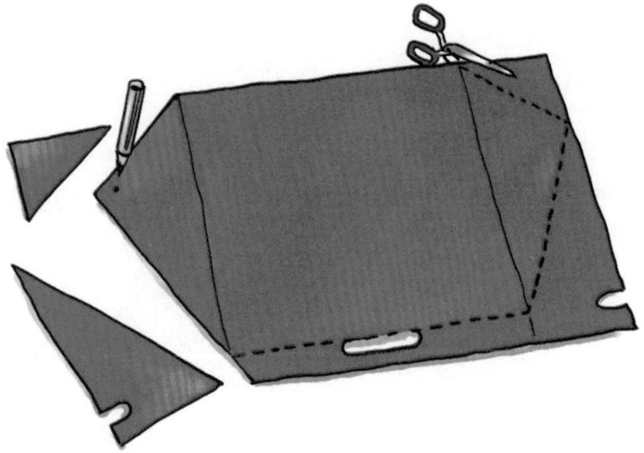

用胶带把风筝的两个角固定住，再用螺丝刀把风筝线的孔钻出来。接下来把圆木棒用胶带粘到风筝两侧，这两根木棒主要是起固定风筝的作用，在粘上去的时候注意要调整好木棒的位置，和风筝紧紧地贴在一起。

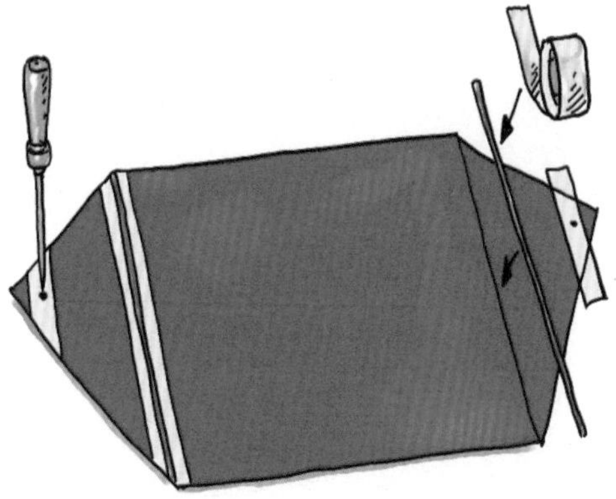

完成上面这一步后，你的风筝基本上就做好了。现在，你可以拿风筝线分别穿进刚才钻好的孔里并系牢，然后把线拉到风筝中间的圆环上，再把剩下的线也绕在这个环上，就可以去放风筝了！

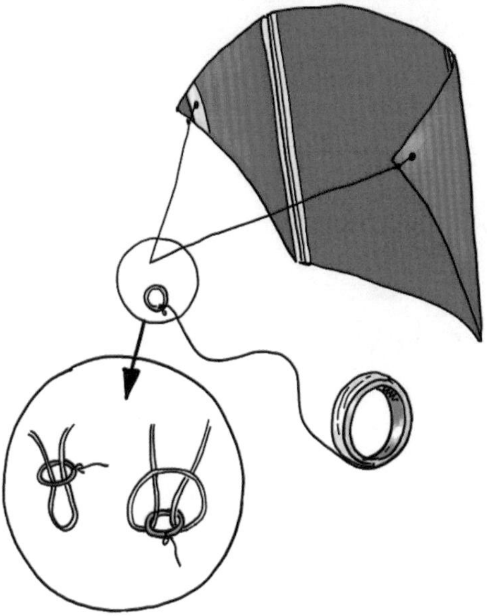

小建议：放风筝一定要选那些没有街道、没有电线杆或者类似障碍物的地方！

77 烤个大面包

去面包店买面包谁都会，可如果是自己烤面包呢？自己做面包花不了多少钱，而且如果按照下面的方法操作，别说面包了，连比萨饼你都可以自己做出来。

做面包需要的材料有：

- 400克面粉
- 1包新鲜酵母
- 1小勺盐
- 1勺食用油
- 碗、勺子、烤盘

先把面粉倒到碗里，然后把酵母捣碎加进去，同时加入盐和油，加温水后搅拌，直到碗里的东西变成一大块结实的面团。如果你觉得面团有点稀，那就再加点面粉；如果太干了，就再加一点水。面团发好之后，把手洗干净就可以开始揉面团了，揉的时间越长越好。

揉完面团后，你就可以开始确定要做的面包形状了。比如你可以选择长方形的法棍，也可以做一些形状比较方正的面包。然后你可以暂时休息一下，在面包上盖一块餐巾，找一个比较温暖的地方放 1 个小时，让它自己慢慢地完成发酵。在放进烤箱之前，记得要在面包上洒一点温水，并且要把烤箱的温度开到高火，大约 190 摄氏度，烤 35 分钟左右，你的面包就可以出炉了。

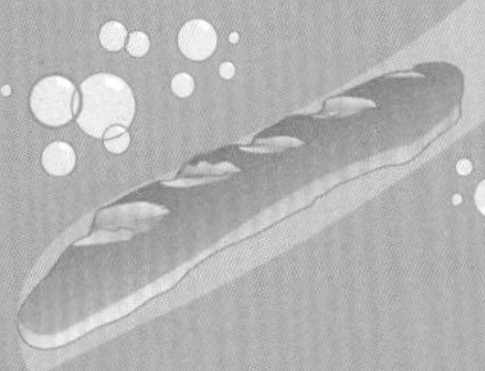

面包贵还是稀饭贵？

答案：稀饭贵，物以稀为贵。

78 把你的栗子飞镖扔得比别人都远

你和你的小伙伴们比过力气吗？如果没有，那你们可以来一场栗子飞镖大赛。栗子飞镖的制作方法非常简单。

1. 在栗子中间钻一个洞。

2. 把要插在飞镖尾巴上的装饰物剪成一条条的形状。

3. 在刚才钻好的洞里涂一点胶水。

4. 把剪好的装饰物的一头捻在一起，插进刚才涂过胶水的洞里。为了让它们粘得牢一点，你可以用一些头部比较尖锐的东西把这些装饰物使劲往里塞。

5. 等胶水干了，你的栗子飞镖也就做好了。

坐过牢的栗子叫什么？

答案：老(牢)栗子。

甜栗的果实叫什么？

a）杏仁

b）栗子

c）马龙果

答案：b

79 用纸折一顶帽子

只需要一张报纸或者用过的纸，你就可以折出一顶帽子来。不管是海盗帽还是遮阳帽都可以。具体折法如下：

1. 将纸对折，然后将左上角和右上角往中间折。

2. 把下面的边缘部分往上折，翻过来把另一面的边缘部分也往上折。

3. 把已经上折的边缘部分的两个角往里折，大功告成！

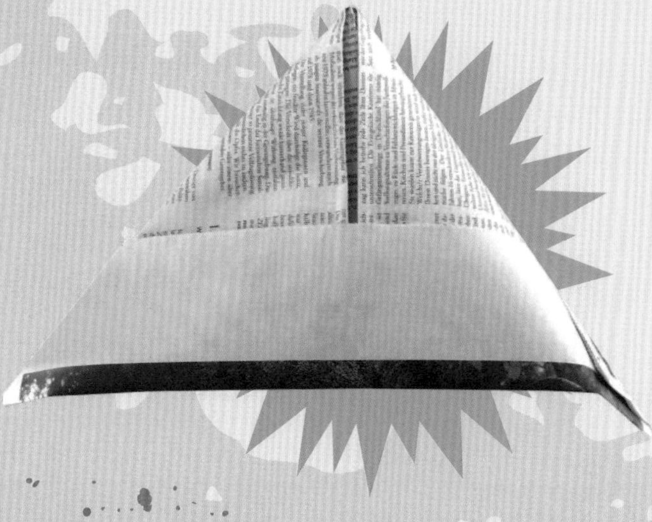

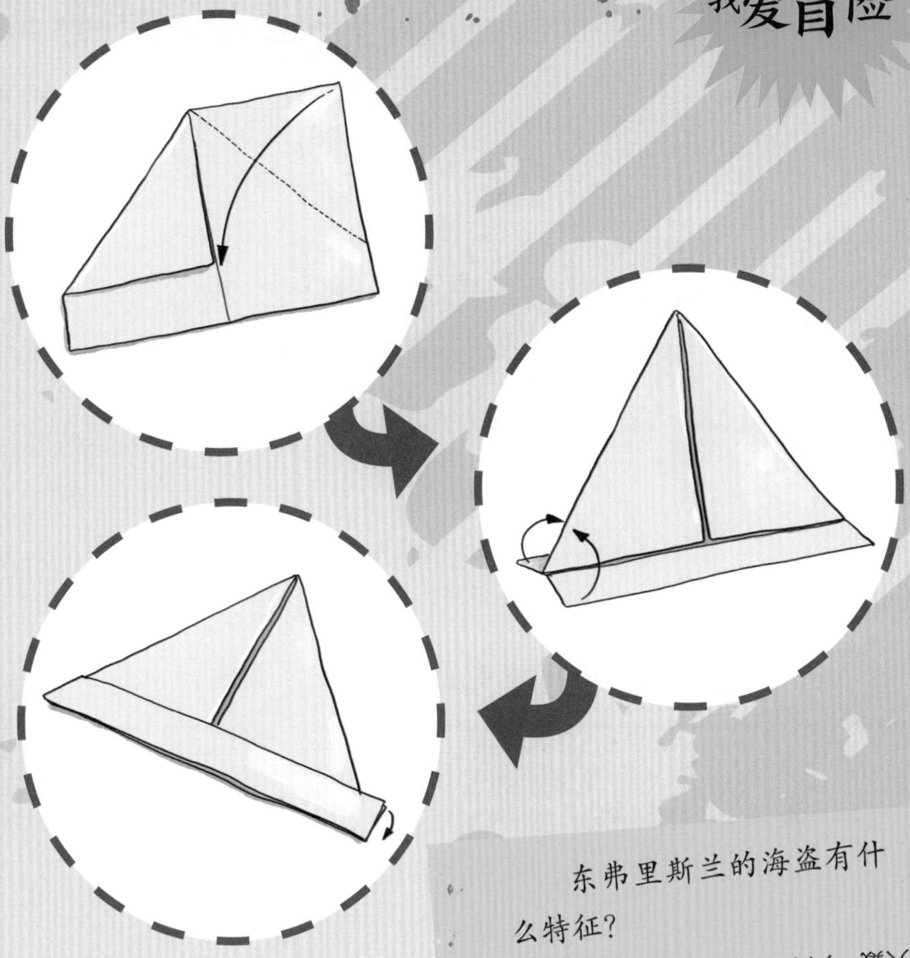

东弗里斯兰的海盗有什么特征？

答案：别的海盗只戴一只眼罩，他们戴两只。

独臂海盗最喜欢去哪里买东西？

答案：二手商店。

80 用沙子计时

沙子也是可以用来计时的。要做一个沙时计（即沙漏），你只需要两个空塑料瓶（带瓶盖）和两把沙子就行了。具体的制作流程如下：

1. 用螺丝刀在两个塑料瓶盖中间相同的位置钻一个小洞，要求是当你把两个瓶子“头顶头”放在一起时，两个瓶子上开孔的位置要一模一样。

2. 把沙子灌到其中一个瓶子里，然后把两个瓶子的盖子都盖上。

3. 将两个瓶子瓶口相对叠在一起，然后你可以开始计时，并在每分钟沙子消失的高度位置做标记。沙子倒完之后，把两个瓶子倒过来再来一遍，这样，两个瓶子上就有一模一样的时间刻度了。

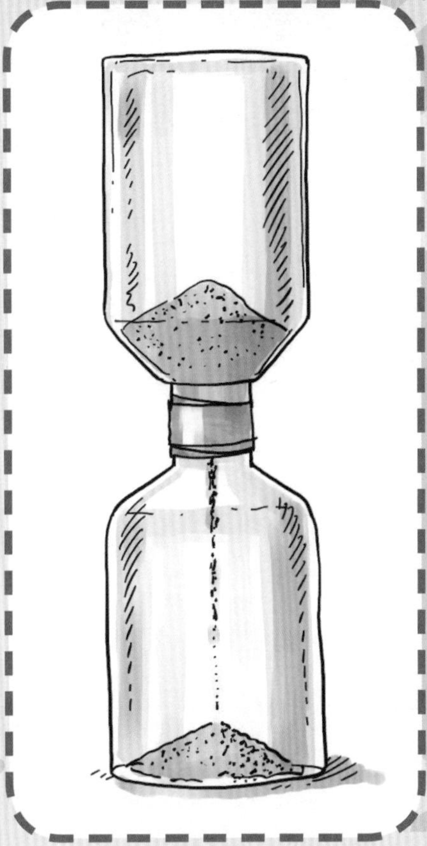

沙时计可以用在很多地方，比如你可以用它计算你刷牙花了多长时间，也可以计算你煮蛋或者健身花了多长时间。

在古代，沙时计在航海业中是应用得最多的，当时的沙时计是用玻璃做的。由于那时通知时间都是用敲钟的方式，所以人们也把当时的整点或者半点称为“点钟”。

81 学一招 纸牌魔术

表演纸牌魔术会给你身边的朋友们带去很多欢乐，要做到这一点你只需要几张扑克牌而已。具体的表演方法是：

1. 让你的朋友随便抽一张牌，而且不能告诉你他抽的牌是什么！

2. 你把手里剩下的牌一分为二，让刚才抽牌的人把那张牌放到其中一半牌的最上面。这时有一步很关键：你要偷偷看一下自己手里那一半牌最下面的那一张牌是什么，并且记住它。

3. 用手上的牌盖住另一半，把整副牌拿到面前装作开始施展魔法的样子。

4. 然后你要把牌一张一张地按顺序放到桌子上。当你看到其他牌时你要不断地摇头，直到你看到刚才你记住的那张牌出现为止。这时你要反应过来，接下来的牌就是刚才被抽走的那张牌。

两个东弗里斯兰巫婆坐在一起聊天，其中一个宣布："嘿，今年的平安夜是星期五呢。"另一个回答："是啊，现在只能希望那天不是十三号了。"

一个男人问魔术师："您真的会读心术吗？"

"是的。"

"那我非得为我刚才在心里对您说的那些话向您道歉了。"

82 搭一顶印第安帐篷（Tipi）

不论是在花园里还是在森林里玩印第安人游戏时，你如果会搭一顶印第安帐篷，在小伙伴眼里一定会变得非常了不起。要搭一顶这样的帐篷，你需要找 6 根大约 2 米长的树枝、两根绳子、几个晾衣服用的夹子和一大块尼龙布。

你知道吗？ tipi 这个词是拉科塔语（拉科塔印第安人的语言），意思是“他们住在那里”。今天，这个单词被用来形容那些普通的房子。

1. 首先你要把3根树枝的顶部靠拢在一起堆成金字塔的形状，并在最上面用绳子把它们捆起来。如果你一下子找不到那么长的树枝，那就拿几根短的树枝把它们用绳子首尾相连地绑起来。

下一页继续！

2. 现在把另外3根树枝用另一根绳子依次绑在刚才捆好的3根树枝的周围。搭的时候可以按照你自己的想法来决定帐篷的形状，不过千万记得留出人进出的空当。

3. 现在你可以把尼龙布盖到搭好的帐篷上面，用夹子夹在树枝上，并且留出一条缝作为帐篷的大门。

83 用一张明信片挡住水

这可能会让你感到很不可思议：当你往一个玻璃杯里倒水，倒到快要满出来再也倒不进去的时候，把一张明信片盖在杯口上，然后把整个杯子倒过来，你是不是觉得水一定会洒出来？完全不会！这张明信片会挡住整杯水！原理很简单：水杯里的水向下对明信片施加了压力，同时明信片下面的空气也对它施加了向上的压力，作用在明信片的向上的压力大于向下的压力，所以明信片可以挡住水不让它们流出来。

小建议：这个实验最好在洗手间里进行，否则万一实验失败，水洒出来会很难收拾的！

一个东弗里斯兰人在煮早饭。当他把咖啡端上桌子时，他对他的妻子说："还剩下一点开水，要怎么处理？"妻子说："说不定待会儿还有人想冲热咖啡，先放到冰箱里冷藏起来吧。"

当一个东弗里斯兰人发现船底有个洞在冒水时他会怎么做？很简单，他会再凿一个洞让水流出去。

两只青蛙蹲在池塘边，一只很肯定地说："嘿，伙计，开始下雨了！"另外一只回答："那我们快回到水里去，不然就要淋湿了！"

84 跑得更快些

你想比其他同龄的男孩子跑得更快吗？那你应该听听下面这些建议：

1. 在运动时，时刻保持身体的紧张感，停下来的时候则要完全放松。

2. 让你的整个身体都专注在跑步这件事情上。

3. 把臀部往前推，但不要让上半身向后仰。

4. 跑步的时候脚底不要在地上拖，尽量减少摩擦力的影响。

5. 把呼吸调整到和跑步时迈的步子一样的节奏上。

6. 踏步时膝盖轻微弯曲。

7. 把注意力更多地放在抬起的脚上，而不是落地的那只脚上。

最重要的是：

定期进行训练，一周至少跑步3次，每次至少跑几个来回，并做一些其他类型的辅助运动。另外，在过生日或圣诞节的时候，要一双高级的跑鞋当礼物，因为廉价的鞋子很可能在跑步时伤到你的脚。

卢茨问亚历山大："你平常运动吗？""当然，我每天早上都慢跑。""不错嘛！你什么时候开始有这个习惯的？""明天，明天开始。"

跑得快的动物、更快的动物、最快的动物

飞禽

游隼	160千米/小时
金鹰	160千米/小时
蜂鸟	110千米/小时
加拿大雁	110千米/小时
椋鸟	80千米/小时
夜鸦	65千米/小时
海鸥	60千米/小时
蓝松鸦	30千米/小时

陆地动物

猎豹	104～110千米/小时
羚羊	80千米/小时
狮子	80千米/小时
兔子	55～77千米/小时
斑马	65～70千米/小时
长颈鹿	50千米/小时
狼	45千米/小时
大象	40千米/小时

鱼类

旗鱼	110千米/小时
箭鱼	100千米/小时
短鳍鲨	96千米/小时
金枪鱼	77千米/小时
蓝鲨	70千米/小时
飞鱼	60千米/小时
大海鲢	56千米/小时
梭鱼	45千米/小时

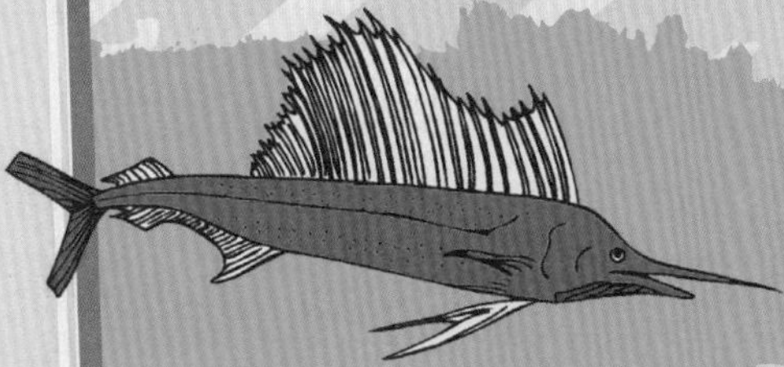

机器创造的速度纪录

宇宙飞船	40000千米/小时
安装了喷气推进器的飞机	11000千米/小时
安装了喷气推进器的汽车	1228千米/小时
摩托车	606千米/小时
电动汽车	495千米/小时
火车	486千米/小时
直升机	463千米/小时
顺风中的自行车	268千米/小时

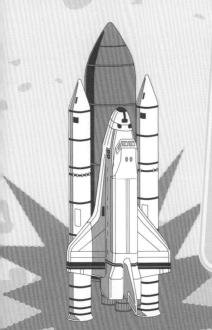

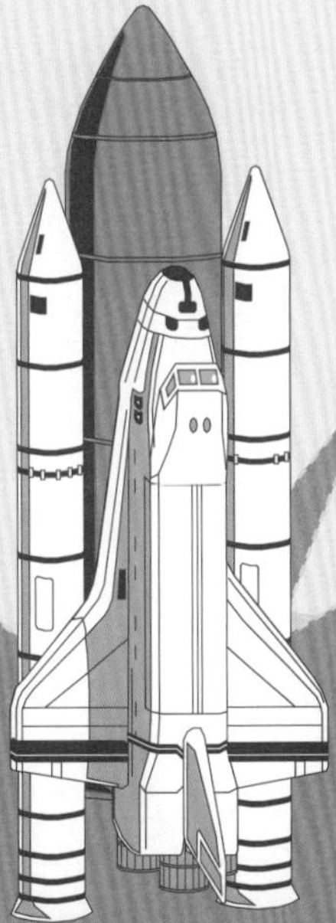

85 学会如何面对火灾

当看到起火时你的第一反应是什么？肯定是大喊大叫："着火啦！"可事实上，面对火灾时最需要的是冷静。因为火灾现场到处都是能让你丧命的危险。

首先，你要确定火灾是不是可以扑灭的？如果火势不大，你可以拿锅盖之类的东西摁灭它。记住，一定要把门窗关好，因为氧气越多，火就会烧得越旺。

假如火势已经很大了，那你能做的就是赶紧逃到安全的地方去。不要幻想能带上什么贵重物品，没什么比你的命更重要。要知道哪怕只是吸进几口有毒的浓烟都可能让你失去意识，丢掉小命，所以你在逃跑时要尽量屏住呼吸，最好用湿布捂住口鼻。

遇到火灾时的几个重要提示：

- 拨打119，叫消防队来灭火。
- 火灾时不要乘坐电梯。
- 大声呼救，提醒其他人着火了。

假如你被困在火场里了，那你就要先想办法给自己降温，比如待在冷水里。这么做不但能减缓灼热感，还能避免被烧伤。

86 用太阳能烤土豆

即使你所在的地方没有电，你也可以自己搭一个太阳能炉子，用太阳能来烤土豆吃。为此，你只需要准备一张铝箔、一个圆形的容器（比如一个旧箩筐）、一根削尖的短木棍和几个土豆。具体的制作方法如下：

1. 把木棍固定在容器的正中央（可以用胶带粘）。

2. 用整张铝箔把容器包起来，会反光的那一面朝外。尽量让铝箔保持平整，不要折得太厉害。把刚才插进去的木棍也用铝箔包起来。

3. 把土豆插到木棍上。

4. 把整个锅朝着太阳的方向摆好，然后就等着，直到阳光把土豆烤熟。

由于这种太阳能锅的“火力”不是太强，所以你必须要等很长时间才能吃上烤熟的土豆。如果你可以把这个锅做得更大一些，烤土豆的时间也就可以短一点。

有意思的是，太阳每天照射到地面上的能量比我们人类每天实际消耗的能量要多 5000 倍。我们可以通过太阳能发电器或是太阳能电池把这些被浪费的能源收集起来。

87 拍出好看的照片

利用数码相机和有拍照功能的手机，你可以留住身边发生的最美丽的瞬间。下面的几点提示能让你拍的照片更美丽动人。

• 选择好拍摄对象是最重要的。你拍摄的对象应该是美丽的、可爱的或是有趣的。另外，你一定要选择最好的角度去拍摄，哪怕多花一点时间也是值得的。

• 对大部分照片来说，光线越足，照片的效果越好。如果可以，最好在白天拍摄。假如你一定要在室内拍照，那么要注意补充足够的照明光线。

• 不要对着阳光拍照，也不要拍那些阳光直射在上面的物体，因为那样很容易拍到阴影。

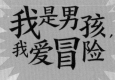

•拍照时手尽量不要抖。如果实在不能控制手抖，那就用三脚架。

•拍照时对同一个对象要多拍几张，然后选一张最好的，在数码照相机和拍照手机上删除照片是很容易的事情。

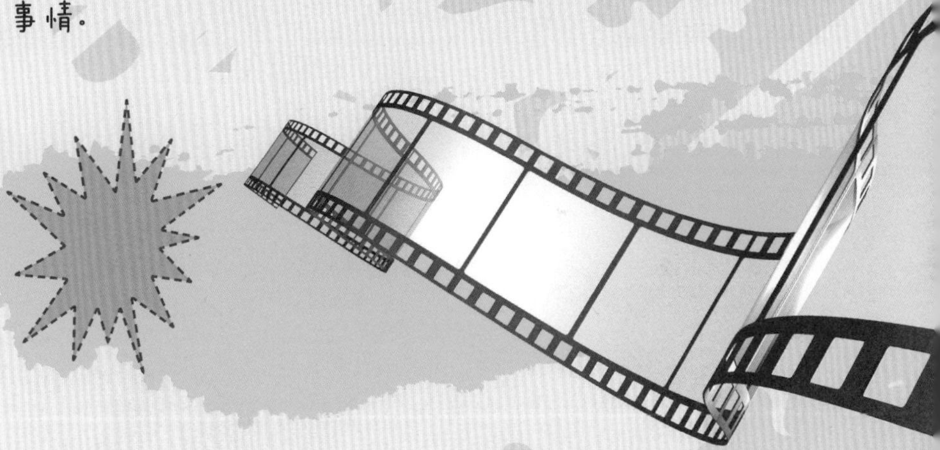

世界上第一张照片出现在1826年，是法国人约瑟夫·埃普斯拍摄的，他拍摄的是他家窗外的风景。

88 发射酵母“火箭”

在前面我们已经介绍过如何让沙子“火山”爆发的诀窍了，那么下面让我们来看看怎么用酵母粉和醋来制造一支可以上天的“火箭”吧。

除了酵母粉和醋外，你还需要准备：

- 1个小塑料盒，要有盖子的那种（比如小药瓶）
- 硬纸板
- 剪刀
- 胶水

现在开始火箭发射前的倒计时吧！开始：

1. 在纸板上剪下一个圆形，再在这个圆上剪掉一块，然后把剩下的部分粘起来围成一个圆锥，把圆锥的底部粘到塑料盒上。

下一页继续！

2. 再从剩下的纸板上剪下3块大小差不多的三角形，粘到塑料盒上作为火箭的机翼。不过有一点你要注意，就是塑料盒的开口一定要朝下。如果你不喜欢，不粘机翼也可以，不影响火箭的发射。

3. 现在你可以到野外找一片空地，然后在塑料盒里装1勺酵母粉，再加入3勺醋。

4. 盖上盖子，用力摇晃火箭。

5. 把火箭放到“发射基地”上，然后躲起来。看，火箭飞起来了！

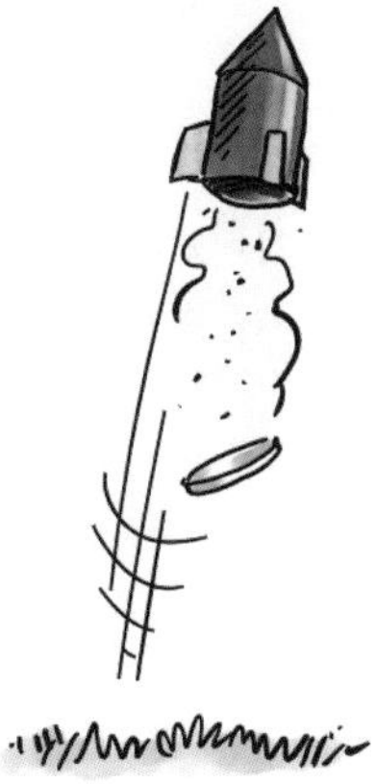

注意：发射火箭一定要在空地上进行，上空不能有障碍物，因为火箭会飞好几米高！千万别在房间里玩这个游戏！

为什么很多宇航员都对自己的工作不满意？

答案：因为上班地点太远了。

89 止住鼻血

你发现自己在流鼻血？或者你看到你的朋友正在流鼻血？别紧张！大多数情况下流鼻血都没什么大不了的。可能是你挖鼻子的力气太大了造成的，也可能是因为你撞到或者是碰到了鼻子，甚至只是因为天气太过干燥。但如果鼻血一直流个不停，还引起了别的不舒服的症状，那你就要小心了，得赶紧去医院做检查！

很多人都认为，要止住鼻血应该把头往后仰，但其实这是不对的。恰恰相反，这个时候你应该把头向前倾，这样鼻血才能流出来，不至于倒灌回身体里。流鼻血时你最好坐下来，拿一块湿布敷在脖子后边，以减缓血流的速度，同时拿手帕接住流出来的血，然后等着鼻血慢慢止住就行了。

只有孩子才会挖鼻子？不。科学家研究表明，每10个成年人当中有9个会挖鼻子。

如果一个人总是不停地挖鼻子，那他很可能是患上了挖鼻子强迫症。而假如这个人不但喜欢挖鼻子，还喜欢吃鼻涕和鼻屎，那说明他是重度的鼻屎依赖症患者。

90 了解最重要的礼仪

懂礼仪的人往往能更容易和别人打成一片！下面是 7 条你应该知道的最重要的礼仪规范：

1

在公共场合尽量不要发出奇怪的声音，特别是不要在别人面前咂嘴、放屁和打嗝。

2

和别人一起吃饭的时候，要等大家都到齐了才能开始吃。

3

当你加入一个新团体的时候，要主动向其他人问好。

4

在做介绍的时候要把其他人放在自己的前面，比如“我的父母和我”，而不是“我和我的父母”。

5

不要用“你”称呼陌生的成年人，“你”只能用来称呼自己的亲戚、熟人和其他小朋友。

6

上课、看电影时要把手机关掉。如果必须开手机，那么至少也要把它调到静音状态。

7

当你被邀请参加生日聚会时，千万别忘了带上生日礼物！

礼仪是会随着时间的改变而改变的。就在几百年前，在餐桌上不打嗝还被认为是一件很不礼貌的事情，主人会因为你不打嗝而认为你不喜欢他做的饭菜。

91 用叉子变魔术来逗大家开心

你觉得和爷爷奶奶一起喝咖啡很无聊吗？那不如用叉子表演几个魔术给大家看吧！你需要的道具除了叉子之外，还有一个玻璃杯和一枚硬币。

首先，你要把两把叉子的叉头交叉叠在一起，同时把那枚硬币夹在两把叉子的缝隙中。然后，把硬币放到玻璃杯的杯口，你就会惊讶地发现，叉子居然悬在了杯口上！

小建议：当你把这个魔术练得很熟练时，你就可以表演给别人看了。你可以在表演时向现场的观众要一枚硬币，让他们也参与到这个魔术中来。

什么叉子不能用来吃饭？

答案：自行车的前叉。

92 活用名言

下面这些名言你在很多场合都可能用得上，所以先把它们记住吧。

“儿童理应受到更好的照顾。”（《联合国儿童权利公约》）

“孩子才是生活真正的老师。”（彼得·罗森格）

“某种程度上来说，每个孩子都是天才，每个天才也都是孩子。”（阿瑟·叔本华）

“每个孩子内心深处都有一个小世界。”（罗伯特·舒曼）

“孩子和钟表一样，不能一味地上发条，他们也需要休息。”（让·保罗）

“有什么样的父亲就有什么样的孩子。”

（阿尔弗雷德·德·缪塞）

“孩子没有教养，责任在父亲。”

（约翰·沃尔夫冈·冯·歌德）

“少年不知忧愁。”（查尔斯·狄更斯）

“孩子就该以玩为主，但也要经常学习。”（伊曼纽埃尔·康德）

——建议你把后半句忘掉。

“爱美是孩子的天性。”

（弗雷德里希·荷尔德林）

“哪里有孩子，哪里就是黄金时代。”（诺瓦利斯）

“我们并不是从我们的父母那里继承了这个世界，而是从我们的孩子那里借用了这个世界。”（印第安谚语）

93 生日晚会上的集体游戏

你邀请了许多朋友来参加你的生日聚会，却很苦恼，因为你实在想不出一个可以让大家一起参与的游戏。别担心，也许下面这两个游戏就是你想要的。

我是谁？

玩这个游戏时，你们所有人要围坐成一圈。每个人都要把自己右边的人想象成其他人（比如老师或者电影里的某个角色）。然后你要把你想象的这个人的名字写在纸条上，但不要让右边的人看到。把纸条贴在右边那个人的额头上，然后让右边那个人猜纸条上的名字。他可以问左边的人任何问题，但是左边的人只能回答“是”或者“不是”。如果被贴纸条的人猜出了答案或者试了10次还是猜不出答案，那就换下一组。

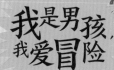

贴标签

在这个游戏中，你们要事先在很多张便利贴上写上人身体各个部位的名字，比如"额头"、"右脸"，等等。然后把所有的纸条放在地上，参加游戏的人要尽可能抢到多的纸条，并把纸条贴在自己身体相应的部位上。有一点要提醒你们：贴上去的纸条有可能会掉下来哦！

怎么才能让一个东弗里斯兰人不游手好闲无所事事呢？

答案：给他一张纸，在正反面都写上"请翻过来"。

94 给自己煮一碗意大利面

意大利面在很多国家都是很受欢迎的主食，也很容易做。如果你现在也想吃，按照下面的步骤自己做就行了。

1. 在锅里倒进半锅水，打开炉子加热，并加一点盐进去。

2. 等水烧开后，放面条进去。用汤勺把面条打散浸到水里，但不要把它们弄断。

3. 煮面时记得要时不时地搅拌一下，避免面条粘在锅底。面条包装盒上一般都写着要煮多久。当然你也可以自己判断，如果面条都很软了，就说明差不多烧熟了。

4. 倒一点食用油到锅里，然后关掉炉火，再搅拌一下面条。

5. 现在可以把面条捞起来，放到事先准备好的滤网里来回晃，把水过滤掉。你可以找个大人帮你来干这事。然后就可以根据你的口味往面条上撒番茄酱、橄榄油、蒜或其他的调料了。

煮意大利面时一定要把面条煮得很“al dento”，这句意大利语翻译过来就是“筋道”的意思，也就是说，面条应该不软也不硬，更不能煮烂掉。

95 学会制作牛仔套索

任何一个想要当牛仔的人都得学会使用套索。其实这一点都不难！你需要的所有材料也就是一根绳子，你只需要在绳子的末尾打一个活扣就行了。

具体的做法如下：

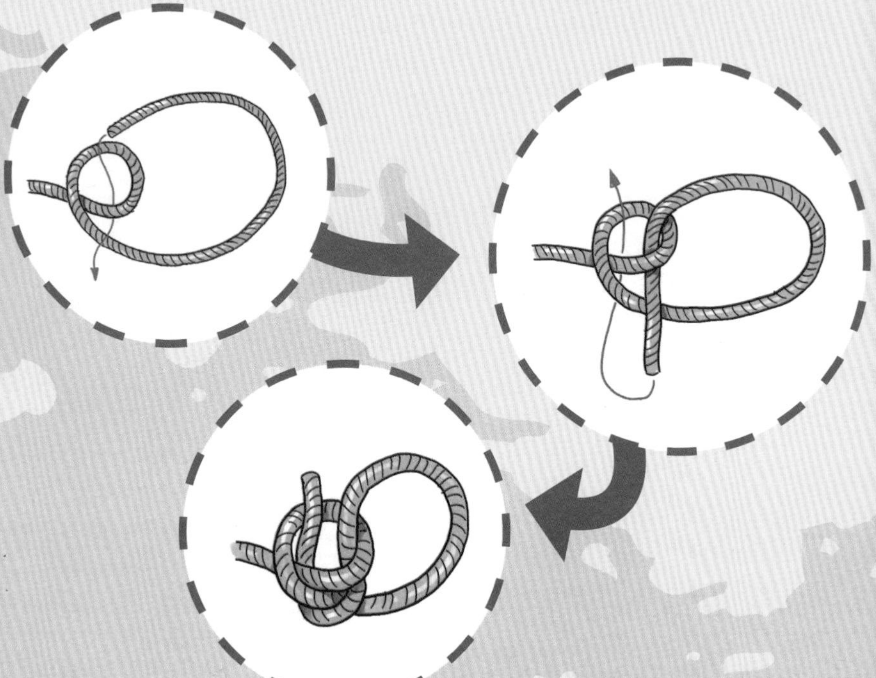

要想把套索扔出去，那你首先要把绳结和绳子的后半部分都攥在手里，然后把绳结的部分抛到头顶上空，以顺时针的方向挥舞几圈，再朝着你要套的目标扔过去。当你套住目标时，就要抓紧手里的绳子使劲往回拉。

“牛仔”的意思是“骑在马上照顾牛的人”，在以前美国的西部，到处都是这些穿着朴素、驱赶牲畜的牛仔。

96 忍住打嗝

打嗝是一件很烦人的事情，不过打嗝本身对身体倒并没有伤害，也很容易治好。

如果有人在你面前打嗝，那你就拿一枚硬币放在他面前，跟他约定："如果你能再打一个嗝，这钱就归你了。"

然后他肯定会想尽各种办法要再打个嗝，可是却怎么都打不出来了。你不信？那你可以找个打嗝的朋友试试看！

除了这个方法之外，还有一些别的办法也可以帮你止住打嗝：

- 憋气几秒钟
- 倒立喝水
- 把舌头拉出来
- 让其他人吓唬你
- 大声唱自己喜欢的歌

人之所以会打嗝，是因为胸腔、腹腔和横膈膜之间产生了空隙，身体产生了本能的痉挛。大多数情况下，人们打嗝都是因为吃东西太急造成的。

美国人查尔斯·奥斯本在1922～1990年的68年间连续打了4.3亿个嗝，创造了世界纪录。

97 去环游世界吧

去认识这个世界吧!

下面这张表里列出了一些值得你去好好看一看的城市和景点。

埃及：吉萨
吉萨金字塔
澳大利亚：悉尼
悉尼歌剧院
比利时：布鲁塞尔
原子球塔
巴西：里约热内卢
圣徒像
中国：北京
故宫
丹麦：哥本哈根
小美人鱼雕像
德国：柏林
勃兰登堡门

芬兰：赫尔辛基

大教堂

法国：巴黎

埃菲尔铁塔

希腊：雅典

雅典卫城

英国：伦敦

大本钟

以色列：耶路撒冷

哭墙

意大利：罗马

斗兽场

拉脱维亚：里加

黑头宫

马来西亚：吉隆坡

双子塔

奥地利：维也纳

斯蒂芬大教堂

波兰：华沙

华沙王宫

俄罗斯：莫斯科

克里姆林宫

瑞典：斯德哥尔摩

市政厅

瑞士：伯尔尼

钟楼

西班牙：格拉纳达

阿尔罕布拉宫

捷克：布拉格

城堡区

土耳其：伊斯坦布尔

圣索菲亚大教堂

美国：纽约

自由女神像

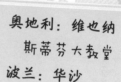

98 去花园里踢足球

日常生活中，正规的足球场不是随便哪里都找得到的。所以，我们偶尔也可以试试在小花园里来一场足球赛，尽管那里的场地并不算太大。

你可以先找 4 根木棍插在场地的四个角上，然后用绳子绕着这四个角围成足球场的形状。球门可以用两个一样大小的木箱或者纸箱代替，记住开口要朝着球场内。至于球，你可以用普通的足球，也可以用网球或者别的球代替。一切都准备好之后，你就可以叫上朋友一起开始第一届花园足球锦标赛了！

两个球迷在足球场门口排队进场时闲聊，一个人突然叫了起来："啊，我忘了把我家的钢琴带来了！"另一个问："啊？为什么要带那玩意儿？""因为我把票放在钢琴上了。"

数学老师给学生们讲解距离的单位："这是千米、厘米、毫米……大家还知道别的距离单位吗？"小弗里茨机智地站起来回答："还有十一码（注：罚点球的距离）。"

什么东西人们都很喜欢，却总是把它一脚踢开？

答案：足球。

99 预测天气

只需要一个松塔和其他的材料，我们就可以自己动手做一个不需要用电的气象站。

1. 先拿一块小木板，把松塔比较平整的那一面粘在上面。

2. 拿一根秸秆，把一头插到松塔里面，另一头露在外面，并用大头针固定好。

3. 现在，你可以把这个气象站拿到家里，根据秸秆是向上翘还是向下垂来预测天气的好坏了。如果向下就是晴朗天气，如果向上就是阴雨天气。

如果你有兴趣，也可以自己做个标签，这个标签挂在秸秆露出来的那头，向下垂显示晴天的图案，向上翘时显示下雨的图案，这样看起来就更清楚了。

那么，为什么插在松塔上的秸秆在阴雨天气时会向上翘呢？原理很简单：天气干燥的时候松塔的鳞片会张开，吸收空气中的水分；而空气潮湿的时候它会合拢，保护里面的种子。

下列哪种树属于针叶树？

a）杨树

b）榆树

c）落叶松

答案：c。

100 去主题公园玩耍

在家里待得无聊了？那就去主题公园好好地玩耍一番吧。

中国著名的主题公园有：

浙江：横店影视城

北京：欢乐谷

香港：迪士尼乐园

深圳：世界之窗

宁夏：中华回乡文化园

湖北：武汉极地海洋世界

世界上最大的主题公园是美国佛罗里达州奥兰多的迪士尼世界，面积大约 124 平方千米，由 4 个大型主题公园组成。

世界上最高的过山车也在美国：高达 139 米的金达卡过山车（几乎和胡夫金字塔一样高）。如果你想乘坐这个过山车，就去一次美国新泽西州的六旗娱乐公园吧。

图书在版编目（CIP）数据

我是男孩，我爱冒险 /（德）菲利普·基弗（Philip Kiefer）著；宋逸伦译. — 杭州：浙江科学技术出版社，2016.7
ISBN 978-7-5341-7191-8

Ⅰ. ①我… Ⅱ. ①菲… ②宋… Ⅲ. ①男性-青春期-健康教育 Ⅳ. ①G479

中国版本图书馆CIP数据核字（2016）第121668号

书　　名	我是男孩，我爱冒险		
著　　者	［德］菲利普·基弗		
译　　者	宋逸伦		
审核登记号	图字：11-2014-304号		
出版发行	浙江科学技术出版社 地址：杭州市体育场路347号　邮政编码：310006 办公室电话：0571-85176593 销售部电话：0571-85176040 网址：www.zkpress.com E-mail：zkpress@zkpress.com		
排　　版	杭州兴邦电子印务有限公司		
印　　刷	浙江新华印刷技术有限公司		
开　　本	880×1230　1/32	印　张	7
字　　数	90 000		
版　　次	2016年7月第1版	印　次	2016年7月第1次印刷
书　　号	ISBN 978-7-5341-7191-8	定　价	28.00元

责任编辑 梁　峥　　**责任校对** 徐　岩
责任印务 田　文　　**特约编辑** 田海维